Georg Oplatka

Wirtschaftliche Optimierung technischer Einrichtungen

Wirtschaftliche Optimierung technischer Einrichtungen

Methoden quantitativer Problembehandlung

Dr. Georg Oplatka

expert verlag

Die Deutsche Bibliothek – CIP-Einheitsaufnahme

Oplatka, Georg:
Wirtschaftliche Optimierung technischer Einrichtungen : Methoden quantitativer Problembehandlung /
Georg Oplatka. – Ehningen bei Böblingen : expert-
Verl. 1992
    ISBN 3-8169-0728-8

ISBN 3-8169-0728-8

Bei der Erstellung des Buches wurde mit großer Sorgfalt vorgegangen; trotzdem können Fehler nicht vollständig ausgeschlossen werden. Verlag und Autor können für fehlerhafte Angaben und deren Folgen weder eine juristische Verantwortung noch irgendeine Haftung übernehmen.
Für Verbesserungsvorschläge und Hinweise auf Fehler sind Verlag und Autor dankbar.

Vorwort

Es gibt eine unübersehbare Fülle von Abhandlungen zur Frage der Wirtschaftlichkeit. Das Spektrum erstreckt sich von philosophischen Höhenflügen bis zu elementaren Darstellungen. Behandelt werden sowohl allgemeine Theorien als auch rein angewandte kommerzielle Fragen. Fast alle Tätigkeiten eines Unternehmens können auch unter wirtschaftlichen Aspekten betrachtet und als solche analysiert werden: Unternehmensplanung und Führung (Management), Finanzprobleme, deren Abwicklung, Handhabung, Registrierung, ferner technische Planung und Betriebsführung, Lohnfragen, Verkaufsorganisation (Marketing), Beschaffung von Rohmaterial, Lagerung usw.

Die Literatur, die sich mit diesen Problemen befasst, stammt vorwiegend von Wirtschaftswissenschaftlern oder von Autoren, die auf dem kommerziellwirtschaftlichen Gebiet tätig sind; eher selten sind Arbeiten von Technikern, Ingenieuren. Problemstellung und Aussagen sind meistens qualitativer Art; quantitative Zusammenhänge findet man seltener und auch dann sind es zumeist nur elementare Formeln oder Zahlenbeispiele.

Das vorliegende Buch grenzt sich von diesen Werken sowohl inhaltlich als auch in der Art der Stoffbehandlung ab:
- Es werden nur Gebiete behandelt, deren Problematik sowohl auf technischem als auch auf wirtschaftlichem Gebiet gleichermassen liegt und die der schöpferisch tätige Ingenieur bei der Konstruktion, Entwicklung sowie bei der Forschung bezüglich der Gestaltung der Produkte und deren Betriebsführung benötigt.
- Die Probleme werden quantitativ, mit der dem Ingenieur vertrauten Disziplin, der Mathematik, in Angriff genommen, gelöst und die Ergebnisse in Formeln und Rechenvorschriften dargelegt.

Die Zielsetzung des Buches ist somit, dem Ingenieur einen Wegweiser zu geben, der ihm hilft, seine Tätigkeit auch wirtschaftlich sinnvoll auszuüben.

Während seiner langjährigen Ingenieurtätigkeit wurde der Verfasser - offenbar erging es ihm ähnlich wie vielen anderen Ingenieuren - oft mit Problemen konfrontiert, die, vom technischen Gebiet ausgehend, in das Wirtschaftliche übergriffen, sogar nur mit Hilfe von Wirtschaftlichkeitsbetrachtungen sinnvoll gelöst werden konnten.

Fachkenntnisse, die zur Bewältigung solcher Probleme nötig gewesen wären, wurden damals an den technischen Hochschulen nicht vermittelt. Vielleicht ist dies auch heute noch der Fall, und Fachbücher, die sich dieser Art von Problemen angenommen hätten, gab es nicht. Entsprechende Literaturstellen in Zeitschriften waren spärlich und lückenhaft. Der Stoff musste selber erarbeitet werden. Der Verfasser legt also hier ein Buch vor, das er als Student, als junger Ingenieur gerne in Händen gehalten hätte und das ihm bei der Lösung der skizzierten Probleme hätte den Weg weisen können.

Es geht im vorliegenden Buch nicht um theoretische, an das Philosophische grenzende Darlegungen, sondern um ein sachliches, nüchternes Lehr- und Nachschlagewerk für den praktischen Gebrauch bei der Ingenieurtätigkeit, aber auch bei der Ingenieurausbildung. Die Ausdrucksweise und die Verwendung der Begriffe entsprechen dem täglichen Sprachgebrauch, dem gesunden Menschenverstand. Das gilt auch für schwer definierbare Begriffe wie "Wert" oder "Kapital", über die es bekanntlich ganze Reihen von Abhandlungen, Dissertationen, Bücher gibt. Die Gemeinverständlichkeit soll den eventuellen kritischen Vorwurf aufwiegen, die Ausdrucksweise sei nicht allgemein genug, nicht alles umfassend.

Es sei nun erlaubt, die Hoffnung auszusprechen, durch das vorliegende Buch eine Lücke zu schliessen und dem Ingenieur ein brauchbares Werkzeug zur Verfügung zu stellen.

Der Verfasser ist sodann zu manchem Dank verpflichtet, den er abstatten möchte. Erinnern will er vor allem an Herrn Dr. C. Seippel, Alt-Direktor der BBC, von dem die Anregung zum Buch stammt und dem es in vielen Diskussionen empfangene Anregungen verdankt. Dank gebührt im weiteren insbesondere Herrn dipl. Ing. G. Baumann, der auf freundliche und kompetente Art die Mühe der Manuskriptkorrektur auf sich nahm, ferner Herrn Prof. E. Brem, der dem Autor am Betriebswissenschaftlichen Institut an der ETH Zürich einen Arbeitsplatz sowie die Bibliothek zur Verfügung gestellt hat. Gedankt sei aber auch meiner Familie, ohne deren Mithilfe das Buch nicht zustande gekommen wäre.

Inhaltsverzeichnis

1 Allgemeines über Wirtschaftlichkeitsberechnungen

1.1 Grundlegende Gedanken.
Sinn der Wirtschaftlichkeitsbetrachtungen

Vor knapp 60 Jahren pflegte Professor Böhler seine Vorlesungen an der ETH Zürich über Nationalökonomie mit den Worten einzuleiten: "Wirtschaften heisst: mit den zur Verfügung stehenden Gütern den grösstmöglichen Nutzen erzielen" oder "Mit den vorhandenen Mitteln den grössten Erfolg erreichen". - So einfach und einleuchtend diese Sätze klingen mögen, so stösst man bei näherer Betrachtung, bei der praktischen Interpretation doch auf nicht geringe Schwierigkeiten. Denn was sind "Güter", was ist "Nutzen" oder gar "grösstmöglicher Nutzen"? - Die Deutungen können je nach Auffassung verschieden sein, und es ist eine Definitionsfrage, was unter den Worten verstanden werden soll. Es verwundert daher nicht, wenn der Wirtschaftswissenschaftler H. Seischab in der Festschrift für Mellerowicz unter dem Titel: "Wirtcohoftlichkeit und Wirtschaftllchkeltcroohnung" schreibt: "Die Unklarheit über die Wirtschaflichkeit ist so erheblich und die Verschiedenheit der Auffassungen so gross, dass dieser Begriff zu einem der häufig gebrauchten Schlagworte werden konnte."

Wenn der Ingenieur seiner ureigenen Aufgabe Rechnung trägt, muss er vielfache Umsicht walten lassen. Er muss die Naturgesetze kennen, sie sinnvoll anwenden, die Eigenschaften des Materials erfassen, sie richtig berücksichtigen und nicht zuletzt die Gesetze der Wirtschaftswissenschaften in seine Betrachtungen miteinbeziehen, um seine Produkte, Systeme, Prozesse erfolgreich zu gestalten. Das Zusammenwirken der beiden Wissenszweige: Technik und Wirtschaft in der Ingenieurtätigkeit gibt letztlich das sinnvolle Mass für ausgewogene Lösungen. Dabei ist die Wirtschaftlichkeit in diesem Zusammenhang ganz allgemein zu fassen, indem der Wirtschaftserfolg im Verhältnis zu den Aufwendungen abzuwägen ist.

Das Einbeziehen der Wirtschaftlichkeit in das technische Schaffen ist ein allgemeines Gebot höherer Ordnung. Nur durch die Anwendung dieser Disziplin ist es möglich, immer anspruchsvollere Ziele anzustreben; nur durch sie entsteht eine gesunde Entwicklung in der gesamten Technik. Die wirtschaftliche Betrachtungsweise ist aber auch eine absolute Notwendigkeit für das Fortbestehen eines technischen Unternehmens. Sie ermöglicht, ja erzwingt die Erstellung von bestgeeigneten Produkten und trägt somit zur Stärkung der Konkurrenzfähigkeit des Unternehmens auf dem Markt bei.

Dem unbefriedigenden Zustand, der aus der unklaren oder verschiedenartigen Deutbarkeit mancher Wirtschaftlichkeitsbegriffe entsteht, und der Notwendigkeit, die Technik wirtschaftlich erfolgreich zu betreiben, muss abgeholfen werden. Das ist die höchste Zielsetzung dieses Buches. Es sollen jene Gebiete der Wirtschaftswissenschaft - und nur jene - behandelt werden, auf die der schöpferisch tätige Ingenieur zurückgreifen muss: Begriffe,

Zusammenhänge, Gesetzmässigkeiten sollen klar dargelegt werden. Der Ingenieur soll auch auf diesem Gebiet auf festem Boden stehen können und wissen, was er zu tun hat, wenn von ihm eine wirtschaftlich sinnvolle, vorteilhafte technische Lösung verlangt wird.

Man darf aber von diesem Buch keine festen Endformeln, Vorschriften, Rechenrezepte erwarten. Es werden vielmehr Denk- und Lösungswege aufgezeigt; entscheidend sind letzten Endes die fallspezifischen Randbedingungen und individuellen Zielsetzungen.

1.2 Vielfalt der Wirtschaftlichkeitsbetrachtungen. Fragen der Terminologie

Allen Wirtschaftlichkeitsberechnungen schwebt ein Ziel vor, meistens heisst es: es soll die "wirtschaftlich optimale Lösung" gefunden werden. Diesen Begriff kann man aber an und für sich verschiedenartig interpretieren, und muss damit er sich sinnvoll anwenden lässt, streng umschrieben werden

Während bei der Lösung rein technischer Probleme der Ingenieur sich auf streng gültige, eindeutige Naturgesetze und verlässliche Erfahrenswerte stützen kann, ist dem bei Wirtschaftlichkeitsberechnungen nicht so. Die Gesetze und Kriterien der Zielsetzung ergeben sich nicht zwingend, sondern werden von subjektiven Meinungen oder Wünschen geprägt. Als Beispiel stehe da: Der eine Unternehmer will aus seiner Geschäftätigkeit die grösstmögliche Rendite herausholen, ein anderer den grösstmöglich absoluten Gewinn. Das sind verschiedene Zielsetzungen, Kriterien, und das Ergebnis der Ingenieurtätigkeit wird je nach der vorgeschriebenen wirtschaftlichen Zielsetzung unterschiedlich ausfallen.

Aber nicht nur die Zielsetzungen können verschieden sein, auch die Begriffe bzw. ihr sachlicher Inhalt können unterschiedlich gedeutet werden. Auch hiezu ein Beispiel: Man sollte meinen, der Ausdruck "investiertes Kapital" sei eindeutig. Indessen meint der eine Investor: sein eigenes investiertes Kapital, während ein anderer - der einen Teil der Investition durch eine Anleihe deckt - zwischen Eigenkapital und Fremdkapital unterscheidet und diese beiden bei der Wirtschaftlichkeitsberechnung verschieden bewertet.

In unseren Darlegungen werden die verschiedenen Zielsetzungsmöglichkeiten - Wirtschaftlichkeitskriterien oder Forderungen - eingehend besprochen. Ebenfalls sollen Begriffe eindeutig definiert werden. Nachdem in der Fachliteratur auch auf diesem Gebiet keine Eindeutigkeit herrscht, decken sich die hier gegebenen Definitionen nicht unbedingt mit jenen anderer Literaturstellen; es ist darum grösste Vorsicht geboten. Innerhalb dieses Buches ist aber die Anwendung der Begriffe entsprechend den gegebenen Definitionen homogen.

Die Stellungnahme zu einem der möglichen Kriterien wird offen gelassen. Es ist zum Teil Sache der Anschauung, zum Teil Einfluss der momentanen Wirtschaftslage oder auch spezieller Umstände, die einen Unternehmer zur Wahl eines der Kriterien bewegt, die an und für sich alle theoretisch gleichberechtigt sind. Ist aber die Wahl einmal getroffen, so muss peinlich genau darauf geachtet werden, dass das gewählte Kriterium innerhalb eines Konzeptes konsequent beibehalten bleibt. In manchen Fällen lässt sich mit einem Kunden (Auftraggeber, Käufer) seine Wirtschaftlichkeitseinstellung im voraus klären und somit das anzuwendende Kriterium für die Wirtschaftlichkeitsberechnung festlegen. Wenn das aber nicht zutrifft oder der Ingenieur auf Lager planen oder gar bauen muss, ist er gezwungen, die Zielsetzungen - die theoretisch rein logisch nicht beurteilbar sind - von sich aus festzulegen.

1.3 Abgrenzung der Betrachtungen

Die Wirtschaftlichkeit umfasst sehr grosse Wissensgebiete und ist bei jeder Problemstellung präsent. Wir müssen daher unsere Arbeitsgebiete abgrenzen.

Wir wollen ausdrücklich nur jene Problemkreise behandeln, bei denen die Wirtschaftlichkeit mit dem Technischen gleichzeitig auftritt und zusammen mit ihm zu einer Lösung führt.

Die Ingenieurarbeit vollzieht sich meist innerhalb eines Betriebes, seltener in einer Privatsphäre. Die Probleme sind geteilt, die Betriebe sind in Abteilungen, diese wiederum in Unterabteilungen organisiert. Jedes Glied hat den ihm zugewiesenen Tätigkeitsbereich. Ein Organigramm eines Betriebes zeigt die Vielfalt des Funktionsbereiches und die ihm zugeordnete Wirtschaftstätigkeit. Alle Funktionen, die ohne technische Mitarbeit zu lösen sind - Investitionsplanung, Produktivitätskontrolle, Verfolgung von Input und Output, Verkauf und Ankauf - stehen ausserhalb unserer Aufgabenstellung. Dabei ist diese Aufzählung bei weitem nicht vollständig.

Die Wirtschaftlichkeitsbetrachtungen dieses Buches beschränken sich ausdrücklich auf schöpferische Ingenieurtätigkeit, auf Gebiete, in denen Neues oder Neuartiges produziert werden soll, sei es ein System, ein Verfahren, ein industrieller Betrieb, ein Produkt, letzteres sowohl als Endprodukt wie auch als Komponente einer grösserer Einheit. Es geht um Konstruktion, Entwicklung und Forschung, wobei die Gestaltung, Erzeugung und das Betriebsverhalten gleichwohl zum Gegenstand der Untersuchungen gehören. Die Abgrenzungen der zu behandelnden Gebiete sollen an einigen Beispielen verdeutlicht werden:

- Anlagen in ihrer funktionellen Gesamtheit wie

    - industrielle Betriebe (Zuckerfabrik, Seilbahnbetrieb)
    - Kraftwerke (Elektrizitätswerke)

- Anlagen samt deren Endprodukte

    - Armbanduhr (Swatch) mit den speziellen Erzeugungseinrichtungen
    - Computer samt Erzeugungseinrichtungen

- Systeme innerhalb von Anlagen wie

    - Verfahren (Energiespeicherung)
    - Abgegrenzte Anlagebezirke (kaltes Ende des thermischen Kraftwerkes, Seilbahnkabine)

- Komponenten für grössere Produktionseinheiten (Anlagen) wie

    - Wärmetauscher
    - Antriebsmotoren

- Endprodukte (unabhängig vom Erstellungsbetrieb)

    - Brücken
    - Heizkörper einer Zentralheizung
    - Wärmeisolierplatten

Die Aufzählung beansprucht nicht Vollständigkeit; sie will nur die Umrisse des zu behandelnden Gebietes deutlicher machen.

Diese Abgrenzungen sind notwendig, um sich von anderen wirtschaftlich ebenfalls wichtigen Tätigkeiten des Unternehmens zu distanzieren. Wir befassen uns also nicht mit Fragen der Organisation, Invenstitionsplanung, Produktivität, Marktanalyse usw.

1.4 Genauigkeit der Wirtschaftlichkeitsberechnungen

Eine weitere Schwierigkeit der Wirtschaftlichkeitsberechnungen entsteht durch ihren zukunftsorientierten Charakter. Es müssen Daten, Angaben, die nicht objektiv ermittelbar sind, durch Schätzungen festgelegt werden. Dies bezieht sich in erster Linie auf die den Konjunkturschwankungen (und evtl. der Teuerung) unterworfenen Bestimmungsgrössen wie Zinssätze, Rohwaren- und Verkaufspreise, aber auch auf den zu erwartenden Umsatz, dessen Zeitabhängigkeit usw.. Zu den schwer bestimmbaren Grössen gehören auch die Lebensdauer eines Apparates, Einrichtung, Anlage, Fabrik, wobei es einer nicht nur um die durch Abnützung bedingte Lebensdauer geht, sondern auch um den Umstand, dass durch das Aufkommen von neuen Technologien, Verfahren, das Weiterbenutzen "alter Modelle" unwirtschaftlich wird.

Alle diese Bestimmungsgrössen, Daten bezüglich der Technik und Wirtschaft, müssen prognostiziert werden und sind deshalb zwangsmässig mit Fehlern behaftet. Die Fehler werden natürlich über die Berechnungen auf die Resultate übertragen. Aus diesem Grunde sind alle über die Wirtschaftlichkeitsüberlegungen gewonnenen Ergebnisse ungenau, haben ein mehr oder weniger breites Streuband. Entsprechend dürfen die Resultate nur als Anhaltspunkte gewertet werden, und bei Entscheidungen und (oder) Beschlüssen ist Vorsicht geboten.

Die Kehrseite der durch den Charakter der Problematik erzwungenen Ungenauigkeit ist, dass man sich bei den Berechnungen auf die wesentlichen, für die Aussagekraft der Resultate erstrangig massgebenden Bestimmungsgrössen beschränken darf und kleinere, unwesentliche Posten weglassen werden können. Die Berechnungen werden durch diese Massnahme ohne Beeinträchtigung der Genauigkeit einfacher, übersichtlicher, kürzer. Ein Streben nach hoher Genauigkeit ist auf diesem Gebiet sinnlos.

Zudom lassen sich in einfacher Weise durch Variation der Randbedingungen, Sensibilitäts-Analysen durchführen, die mithelfen Prognosen besser zu verstehen, Risiken abzuschätzen und damit bessere Entscheide zu fällen.

1.5 Notwendigkeit und Nutzen der Wirtschaftlichkeitsberechnungen

Nach all diesen zur Vorsicht mahnenden Einführungsworten könnten über die Notwendigkeit und den Nutzen der Wirtschaftlichkeitsberechnungen leicht Zweifel aufkommen. Diese wären aber unberechtigt.

Erstens gibt die Wirtschaftlichkeitsberechnung eine Standortbestimmung; man erkennt die Umrisse, die Grenzen, innerhalb welcher die realistische Durchführbarkeit des Vorhabens liegt. Sie ermöglicht, ganz allgemein, eine einheitliche Betrachtungsweise, ohne die eine objektive Beurteilung oder ein Vergleich eines Vorhabens unmöglich wäre.

Des weiteren werden durch die Wirtschaftlichkeitsbetrachtungen die zur Lösung des Problems fehlenden Bedingungen gegeben. Bei vielen technischen Problemen kann die endgültige Lösung durch Erfüllung der technischen Bedingungen allein nicht herbeigeführt werden. Es bedarf weiterer Zusammenhänge, was in mathematischer Sprache ausgedrückt soviel heisst, dass die Anzahl der freien Variablen grösser ist als die Anzahl der Gleichungen. Um also aus der Vielfalt der an und für sich technisch richtigen Lösungen die zweckmässigste herauszufinden, müssen weitere Bedingungen herangezogen werden, und die liefert eben die Wirtschaftlichkeitsbetrachtung. Die Analyse der wirtschaftlichen Konsequenzen verschiedener Lösungen führt zur vorteilhaftesten. - Ein Beispiel: Bei gegebenen Massenströmen sowie deren physikalischen Eigenschaften und Temperaturen lässt sich die Wärmeübertragungsfläche eines Wärmetauschers berechnen. Die Fläche kann aber auf mannigfaltige Weise konstruiert werden. Hier entscheidet eine Wirtschaftlichkeitsbedingung, die in diesem Fall offenbar so lautet: Die Summe der Gestehungs- und Betriebskosten soll minimal sein.

Schliesslich ermöglichen die Berechnungen ein Urteil über die Wichtigkeit der einzelnen Bestimmungsgrössen. Man variiert einzeln eine der Bestimmungsgrössen (Eingangsgrössen, Input) bei Festhalten der anderen und beobachtet den Einfluss der fraglichen Grösse auf das Resultat. Durch diese Methode (auch Sensibiltäts-Analyse genannt), können die das Resultat empfindlich beeinflussenden Grössen erkannt und so von den unwesentlichen getrennt werden. Natürlich wird man für die Bestimmung jener Grössen, die das Resultat empfindlich beeinflussen, mehr Sorgfalt walten lassen.

Die Resultate der Wirtschaftlichkeitsberechnung können nicht blind angewendet werden. Es gibt andere, nicht quantifizierbare Modalitäten, Aspekte, Grössen, die bei der Beschlussfassung mit in Betracht gezogen werden müssen wie z.b. Betriebssicherheit, Umweltbeeinflussung; sie fordern Kapital und bringen finanziell nichts ein. Wir kommen auf dieses Problem in Abschnitt 2.5.2 zurück.

Es kann auch vorkommen, dass ein sonst streng optimal ausgelegtes Vorhaben nicht optimal ausgeführt werden kann, weil es zweckmässiger ist, billiger herstellbare, typisierte Elemente zu verwenden statt optimal einzeln angefertigte.

Schliesslich muss man sich auch im klaren sein: für _wen_ die Wirtschaftlichkeitsberechnungen, die Optimierungen gemacht werden sollen: für den Hersteller, Lieferanten oder Betreiber. Wir wollen versuchen, auch in diesem Punkt uns ein klares Bild zu verschaffen (vgl. Abschn. 2.5.3).

1.6 Uebersicht des Buches

Der stark verzweigte und vielfältige Stoff soll in drei Hauptabschnitten besprochen werden, und zwar in folgenden Festlegungen:

- Begriffsbestimmungen   Abschn. 2
- Theorie der Wirtschaftlichkeitsberechnungen, Optimierungskriterien,
  Paritätsfaktoren   Abschn. 3
- Beispiele aus der Praxis   Abschn. 4

Für die Begriffsbestimmungen ist ein Abschnitt unerlässlich, da die Terminologie in der Literatur über Wirtschaftlichkeit nicht einheitlich ist. Unsere Definitionen gelten für dieses Buch, werden auch hier konsequent gebraucht, beanspruchen aber nicht, anderweitig angewendet zu werden. Manche technischen Begriffe werden auch definiert, sonst gelten die in den technischen Disziplinen gebräuchlichen Definitionen.

Die Theorie der Wirtschaftlichkeitsberechnungen ist eigentlich der Kern des Buches. Es wird nicht nur der Rechengang besprochen, sondern auch die Fragen - und das scheint der springende Punkt zu sein - , was die eigentliche Zielsetzung einer Berechnung sein soll. Eine Optimierung - wie man es kurz sagt - kann nur durch Erfüllung einer Forderung (eines Kriteriums) durchgeführt werden. Diese ist - es wurde schon gesagt - nicht logisch herleitbar; man muss sich willkürlich für eine der gestellten Bedingungen entscheiden. Es sind verschiedene Kriterien denkbar: Sie werden einzeln besprochen, und es werden einige Hinweise gegeben über ihre sinnvolle Anwendung. Im allgemeinen führen verschiedene Forderungen zu verschiedenen Ergebnissen. Man kann zeigen, dass unter gewissen Bedingungen manche Forderungen in eine andere übergeführt werden können.

Berechnungen, die mit einer Leistung (im physikalischen Sinn: Arbeit/Zeit) verknüpft sind, können durch Anwendung von Paritätsfaktoren, die Leistung und Kapital in Beziehung setzen, elegant gelöst werden. Sinn und Gebrauchsweise der Paritätsfaktoren werden behandelt. - Des weiteren ist im Abschn. 2.4.7 die Grenznutzentheorie vorgestellt samt deren Anwendung für eine ausgewogene Auslegung eines grösseren Komplexes.

Die im 4. Abschnitt angeführten Beispiele stammen alle aus der Praxis. Sie zeigen, dass der Bedarf besteht, technische Lösungen mit Wirtschaftlichkeitsberechnungen zu untermauern, und zu demonstrieren, wie mannigfaltig die Palette ist.

Die mathematischen Herleitungen sind oft ziemlich umfangreich; sie würden den Rahmen des Buches sprengen. So mussten an manchen Stellen grössere logische Sprünge gemacht werden. Die Aufgabenstellungen, deren mathematische Formulierung, der Rechengang und die Resultate sind indessen jeweils ausführlich angegeben, z.T. sind auch Zahlenbeispiele vorhanden.

2 Begriffsbestimmungen und Festlegungen

Vorbemerkung:

In der einschlägigen Literatur sind die Begriffsbestimmungen nicht einheitlich. Je nach Quelle kann dasselbe Wort verschiedene Bedeutung haben, und umgekehrt werden für einen Wirtschaftsbegriff verschiedene Ausdrücke, Bezeichnungen gebraucht. Insbesondere ist die "kaufmännische" und die "betriebswirtschaftliche" Ausdrucksweise voneinander zum Teil verschieden; die denen entsprechenden Disziplinen heissen Finanzbuchhaltung und Betriebsbuchhaltung.

Für unsere Betrachtungen ist es indessen unerlässlich, eine einheitliche Terminologie zu gebrauchen, da sonst jede Möglichkeit objektiver Beurteilung und des Vergleiches entfällt.

Es werden in diesem Abschnitt eindeutige Definitionen für die in diesem Buch benützten Begriffe gegeben. Sie beschränken sich auf die bei betriebswirtschaftlichen Berechnungen nötigen Begriffe. Vereinzelt werden oft gebrauchte Fachausdrücke der Finanzbuchhaltung angeführt. Die gegebenen Begriffsdefinitionen beanspruchen nicht, vom Standpunkt der Wirtschaftslehre her allgemein gültig zu sein; sie sind auf dieses Buch zugeschnitten und werden hier konsequent gebraucht.

2.1 Finanztechnische Begriffe

2.1.1 **Kapital** bedeutet in der Betriebswirtschaft die Summe der Güter (Geldbeträge, Sachwerte), die in Unternehmungen (meistens langfristig) angelegt sind. - In unseren Betrachtungen ist Kapital weitgehend mit "investiertem Kapital" identisch. Oft wird das Kurzwort "Investition" benützt.

<u>Eigenkapital</u> ist der Anteil der Investition, den der Unternehmer aus eigenen Mitteln aufbringt, während

<u>Fremdkapital</u> jener Anteil der Investition ist, der dem Unternehmer von dritter Hand leihweise zur Verfügung gestellt worden ist.

2.1.2 **Geld** ist ein Zahlungsmittel, eine Recheneinheit für die quantitative Festlegung über den Wert eines Gutes. Die Geldeinheit ist von Land zu Land verschieden: Jedes Land hat seine

Währung, die innerhalb des Landes den Zahlungsverkehr und auch das Münzsystem regelt. Im Auslandsverkehr ist die Währungsparität (Devisenkurs) massgebend, die verschiedenen Einflüssen unterworfen ist.

2.1.3 Gut (Güter) sind real vorhandene Wertgegenstände (z.B. Arbeitsmaschinen, Immobilien) oder symbolische Wertgegenstände (z.B. Aktien, Obligationen). Für die Berechnungen müssen die Güter bewertet werden.

2.1.4 Vermögen ist die Summe der einer Person (auch juristischer Person) gehörenden Geldwerte und Güter.

2.1.5 Kredit, Anleihe, Darlehen bezeichnen den vom Gläubiger dem Schuldner gegen Zinszahlung befristet zur Verfügung gestellten Geldbetrag.

2.1.6 Zins ist der Preis für die leihweise Ueberlassung eines Geldbetrages (Kapitals) für eine bestimmte Zeit. Die Grundlage der Zinsberechnung ist der Zinssatz (Zinsfuss), der üblicherweise in Prozenten (%) für ein Jahr (p a.) angegeben wird. (Siehe Bild 2.1) Der Zinssatz ist zeitlichen Schwankungen unterworfen und hängt vom Geldmarkt, aber auch von politischen und wirtschaftlichen Verhältnissen ab. Je nach der Art des Geschäftes werden vom selben Geldinstitut gleichzeitig verschieden hohe Zinssätze angewandt. Bei den technisch-wirtschaftlichen Berechnungen arbeitet man mit einem "kalkulatorischen Zinssatz", dessen zahlenmässige Bestimmung im voraus theoretisch nicht möglich ist; üblicherweise versucht man eine Anpassung an vergleichbare Zinssätze des Kapitalmarktes (vgl. Abschn. 2.4.5.1).

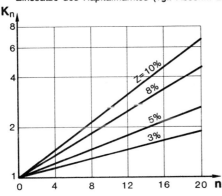

Bild 2.1
Die Verzinsung eines Kapitals in Abhängigkeit von der Dauer n und von dem Zins. Beispiel: nach 10 Jahren bei 8% wächst 1 Franken auf 2.2 Franken.

2.1.7 Zinsfaktor nennt man den Ausdruck:

$$q = 1 + \frac{z}{100} \qquad (2.1)$$

wobei z den Zinssatz bedeutet.

2.1.8 Fälligkeit ist eine Angabe über den Zeitpunkt einer Zahlung. Im Bankwesen wird für Fälligkeit das Wort "Valuta" gebraucht[*] - Die Angabe über ein Kapital ist nur mit der gleichzeitigen Angabe der Fälligkeit eindeutig definiert.

2.1.9 Verzinsung. Ein gegenwärtig vorhandener (fälliger) Geldbetrag, ein Kapital K wächst dank der Verzinsung in einem Jahr auf den Betrag:

$$K_1 = K_0 \, q \qquad (2.2)$$

Lässt man den Betrag weiter verzinsen, so ist der Wert am Ende des zweiten Jahres

$$K_2 = K_0 \, q^2$$

In n Jahren ist der Betrag auf

$$K_n = K_0 \, q^n \qquad (2.3)$$

angewachsen. Man spricht von einer Geldanlage mit <u>Zinseszinsen</u>.

2.1.10 Eskomptierung.

Um zu verschiedenen Zeitpunkten fällige Geldbeträge vergleichen zu können, müssen sie auf den gleichen Termin umgerechnet, "eskomptiert" werden.

- <u>Aufzinsung</u>. Ein gegenwärtig fälliger Betrag von K_0 hat nach n Jahren den Wert (vgl. Abschn. 2.1.9)

$$K_n = K_0 \, q^n \qquad (2.3)$$

---

[*] Das Wort "Valuta" ist zweideutig, es wird auch für die Bezeichnung von Fremdwährungen gebraucht.

11

- <u>Abzinsung</u>. Eine in n Jahren fällige Schuld von K_n hat gegenwärtig den Wert

$$K_o = K_n \; q^{-n} \qquad (2.4)$$

2.1.11 Barwert

Barwert ist der für einen Stichtag (meistens Gegenwart) gültige Gegenwert einer Zahlung, die vor oder nach dem Stichtag fällig ist. Der Begriff gilt sowohl für eine Einzelzahlung als auch für mehrfache Zahlungen (Zahlungsströme).

Zur eindeutigen Definition eines Barwertes gehört die Angabe des Stichtages. Der gegenwärtige Barwert einer Einzelzahlung berechnet sich nach der Formel (2.3) oder (2.4).

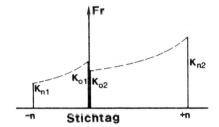

Bild 2.2
Zur Demonstration der
Barwertbestimmung einer Einzelzahlung

Der Barwert K mehrfacher Zahlungen, der kumulierte Barwert, wird durch die Summation der Barwerte der einzelnen Zahlungen gebildet:

$$K = K_1 + K_2 + \ldots + K_i + \ldots + K_n = \sum_{i=1}^{n} K_i$$

wobei jedes K_i gemäss der Formel $K_i = k_i \; q_i^j$ ist, also der Zahlenwert q_i: der aktuelle q-Wert und q_i deren Vorzeichen positiv oder negativ anuell der Jahren bis zum Stichtag bedeuten. Eingesetzt ist

$$K = \sum_{i=1}^{n} k_i \; q_i^j \qquad (2.5)$$

dabei ist k_i die nach a_i Jahren nach dem Stichtag fällige Zahlung. Bei einer Einzahlung ist k_i mit positiven, bei einer Auszahlung mit negativen Vorzeichen in die Summe zu setzen. Ausserdem ist eine Zahlung nach dem Stichtag im Sinne einer Abzinsung zu behandeln, also die Anzahl der Jahre mit einem negativen Vorzeichen einzusetzen; entsprechenderweise ist für Zahlungen vor dem Stichtag die Anzahl der Jahre mit einem positiven Vorzeichen zu nehmen.

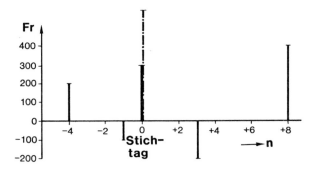

Bild. 2.3   Demonstration von Mehrfachzahlungen. Der oberster Punkt des Stichtages enthält alle Zahlungen, die in der Periode gemacht worden sind.

Zahlenbeispiel: Es sind folgende Zahlungen fällig:

4 Jahre vor dem Stichtag	Fr 200.--	Einzahlung
1 Jahr vor dem Stichtag	Fr 100.--	Auszahlung
am Stichtag	Fr 300.--	Einzahlung
3 Jahre nach dem Stichtag	Fr 200.--	Auszahlung
8 Jahre nach dem Stichtag	Fr 400.--	Einzahlung

Gefragt wird nach dem kumulierten Barwert dieser Zahlungen bei dem gleichen Zinssatz von 5 %. Nach der Formel (2.5) ist zu schreiben:

$$K = 200 \cdot 1{,}05^4 - 100 \cdot 1{,}05^1 + 300 - 200 \cdot 1{,}05^{-3} + 400 \cdot 1{,}05^{-8} = \text{Fr } 536.\text{--}$$

2.1.12 Rente

Rente bedeutet Zahlungen, die an regelmässig wiederkehrenden Zeitpunkten (jährlich oder monatlich) zu leisten sind. Die Laufzeit der Rente kann beschränkt sein, z.b. auf n Jahre oder, kann für Einzelpersonen lebenslängliche Gültigkeit haben (Pension, Versicherungsrenten usw.). Der Barwert von Renten mit beschränkter Laufzeit ist die Summe der einzelnen Zahlungen, je auf die Gegenwart eskomptiert.

Bei der Jahresrente erfolgt die Zahlung während der Laufzeit der Rente, d.h. n Jahre lang, an einem vereinbarten Stichtag. Bei einem Zinsfaktor q wird der gegenwärtige Barwert der Zahlungen r wie folgt berechnet:

Der Barwert der ersten Zahlung beträgt: $r\ q^{-1}$

"   "   " zweiten   "   " $r\ q^{-2}$

.
.

"   "   " n-ten   "   " $r\ q^{-n}$

Man muss die Summe dieser Beträge bilden, analog zur Formel (2.5); nur erfolgen die Zahlungen jährlich und haben jeweils den gleichen Betrag. Der Barwert R_b der Zahlungen r ist:

$$R = \sum_{i=1}^{n} r\ q^{-j} = r\ q^{-1} \sum_{i=0}^{n-1} q^{-j}$$

Der unter dem Summenzeichen stehende Ausdruck entspricht einer endlichen, aus n Gliedern bestehenden, geometrischen Reihe und beträgt gemäss der bekannten Formel:

$$R = q^{-1} \sum_{i=0}^{(n-1)} q^{-1} = \frac{q^n - 1}{q^n\ (q-1)}$$

Somit ist der Barwert der Rentenzahlung r:

$$R = \frac{q^n - 1}{q^n\ (q-1)} \qquad (2.6)$$

Zahlenbeispiel: Zu bestimmen ist der Barwert einer jährlich auszuzahlenden Rente von Fr 2'000.--. Laufzeit: 4 Jahre, Zinssatz: 5 %.

$$R = 2000\ \frac{1.05^4 - 1}{1.05^4\ (1.05 - 1)} = 7091.90\ \text{Fr}$$

Es gibt auch Renten, die monatlich ausbczahlt werden. Deren Barwert lässt sich nach analogem Rechengang bestimmen. Auf eine nähere Besprechung wird verzichtet, da diese Rentcn für die Probleme, die in diesem Buch behandelt werden, ohne Bedeutung sind. - Nur zum Vergleich: Die Rente des obigen Beispieles hat bei monatlicher Auszahlung den Barwert von Fr 7'236.50.

2.1.13 Tilgung einer Schuld, Amortisation

Die Tilgung einer Schuld (einer Anleihe, eines Darlehens) besteht in der Rückzahlung des Kapitals; neben dieser müssen die jeweils fälligen Zinsen entrichtet werden.

Vereinbart sind Laufzeit und Zinssatz. Das grundlegende Prinzip der Tilgung lautet: Die Summe aller auf einen Stichtag - sinnvollerweise meistens der letzte Tag der Rückzahlung - eskomptierten Rückzahlungen (Tilgungsraten) einerseits und die auf den gleichen Stichtag eskomptierten Anleihen anderseits sollen einander gleich sein. Mit anderen Worten: Der Gläubiger soll nach einer Laufzeit von n Jahren durch die erfolgten Rückzahlungen den gleichen Barwert besitzen, auf welchen sein ausgeliehenes Kapital beim gleichen Zinssatz in n Jahren mit Zinseszinsen angewachsen wäre.

Die Rückzahlungsmodalitäten sind Vereinbarungssache. Man kann ad hoc Zahlungen zulassen oder die Summe der Anleihe in n gleichen Raten verlangen, zuzüglich natürlich der jeweils fälligen Zinsen. - Für unsere betriebswirtschaftliche Betrachtungsweise ist die Zahlung jährlich gleichbleibender Summen - von Annuitäten - von Bedeutung, denn sie entspricht dem Kapitaldienst einer getätigten Investition.

Wird eine Anleihe M, mit der Laufzeit von n Jahren, bei einem Verzinsungsfaktor q, jährlich durch die gleich grossen Raten a getilgt, so lautet die Gleichung der Barwerte für das Ende des n-ten Jahres (j = die Anzahl der Jahre seit Schuldbeginn):

$$M q^n = a \sum_{i=1}^{n} q^{(n-j)}$$

Die rechte Seite der Gleichung lässt sich umformen, wie in Abschn. 2.1.12 gezeigt wurde:

$$a \sum_{i=1}^{n} q^{(n-j)} = a q^n \sum_{i=1}^{n} q^{-j} = a q^{n-1} \sum_{i=0}^{n-1} q^{-j} = a \frac{q^n - 1}{q - 1}$$

Somit erhält man den Ausdruck für die Tilgungsrate:

$$\frac{a}{M} = q^n \frac{q - 1}{q^n - 1} \qquad (2.7)$$

Der Ausdruck auf der rechten Seite der Gleichung gibt den jährlich zu entrichtenden Anteil der Schuld an.

Bei einem Unternehmen ist die Rückzahlung des investierten Kapitals - Amortisation genannt - im wesentlichen eine Schuldtilgung. Das Kapital muss samt den Zinsen zum Investor zurückfliessen. Buchungstechnisch bezweckt die Amortisation eine zeitgerechte Verteilung der Kapitalkosten durch systematische Herabsetzung des Buchwertes des investierten Kapitals. Die Art und Weise der Amortisation kann verschieden sein. Es ist eine Ermessensfrage, welche Modalität man wählt. Bei technisch-wirtschaftlichen Berechnungen werden die jährlichen Amortisationsraten gleich gross gesetzt und nach denselben Prinzipien berechnet wie eine Schuldtilgung, also gemäss Formel (2.7).

Zahlenbeispiel: $M = Fr\ 100'000.--$, $n = 10$ Jahre, $q = 1{,}05$:

$$\frac{a}{M} = \frac{1.05^{10}\ (1.05 - 1)}{1.05^{10} - 1} = 12.95\ \%$$

Somit muss 10 Jahre lang jährlich die Annuität von Fr 12'950.-- bezahlt werden. Es soll noch darauf hingewiesen werden, dass die Anteile Kapitalrückzahlung und Zinsen von Jahr zu Jahr verschieden sind. Zu Beginn sind die Zinsen hoch und die Kapitaltilgung ist relativ gering, allmählich sinken die Zinsanteile, und die Kapitalanteile nehmen zu.

Es entfallen von den Fr 12'950.--	auf Rückzahlung des Kapitals	auf Zinsen
	Fr	Fr
nach dem 1. Jahr	7'950.--	5'000.--
nach dem 2. Jahr	8'348.--	4'602.--
.		
.		
nach dem 10. Jahr	12'333.--	612.--

2.1.14 Tilgungsfaktor

Der Ausdruck auf der rechten Seite der Gleichung (2.7) wird Tilgungsfaktor genannt, und wir schreiben:

$$\psi = q^n \frac{q - 1}{q^n - 1} \qquad (2.8)$$

Die Bild 2.4 gibt die Zahlenwerte des Tilgungsfaktors ψ in Abhängigkeit vom Zins und der Laufzeit bekannt.

Man bemerkt, dass ψ der Reziprokwert des in Gl. (2.6) hergeleiteten Bruches ist, so dass der Barwert auch geschrieben werden kann:

$$R = \frac{r}{\psi} \qquad (2.61)$$

Es ist noch interessant festzustellen, dass der Tilgungsfaktor für lange Laufzeiten sich einem Grenzwert, nämlich dem Zinssatz geteilt durch 100, nähert:

$$\lim_{n \to \infty} \psi = \frac{z}{100}$$

Es gibt Vorschläge, gemäss welchen alle jährlich sich wiederholenden und kapitalabhängigen Zahlungen, etwa kapitalabhängige Steuern, Versicherungsprämien, Fondseinlagen und ähnliches, durch eine Erweiterung des Tilgungsfaktors erfasst werden sollen. Belasten diese Posten das Betriebsjahr durch Beträge, die einem Zinssatz von $\Delta\psi$ entsprechen, so kann geschrieben werden:

$$\psi^* = \psi + \Delta\psi \qquad (2.81)$$

In die Formeln der Wirtschaftlichkeitsberechnungen ist dann der Wert ψ^* einzusetzen.

Bei der Formel (2.8) ist stillschweigend vorausgesetzt, dass zwischen den einzelnen Zahlungen (auch Zeitperioden genannt) immer genau 1 Jahr verstreicht. Für den allgemeinen Fall jedoch, wenn die Zahlungen je nach der Dauer n erfolgen (z.B. halbjährlich oder nach längeren, willkürlich vereinbarten Perioden) und die ganze Schuld durch n′ Zahlungen getilgt werden soll, gilt die allgemeine, zugleich dimensionsrichtige Formel:

$$\psi = q^{n/m} \frac{(q-1)}{(q^{n/m} - 1)\, m} \qquad (2.82)$$

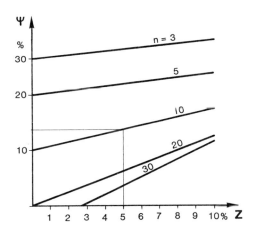

Bild 2.4

Abschreibungsbetrag in % des Kapitals, abhängig von Verzinsung und der Abschreibungdauer.
Beispiel: Verzinsung des Kapitals 5%, Laufzeit 10 Jahre, Tilgungsfaktor oder Annuität 13%.

2.1.15 Abschreibung

Es handelt sich hier um einen Begriff der Finanz- (kaufmännischen) Buchhaltung. Die Abschreibung bedeutet die Herabsetzung des Buchwertes eines Vermögensgegenstandes in der Bilanz. Sie wird gerechtfertigt durch die Entwertung der investierten Gegenstände (Gebäude, Maschinen, Apparate), die durch die Nutzung, technischer Veralterung usw. eine Wertminderung erleiden. Man versucht, die Entwertung auf die ganze Nutzungsdauer zu verteilen. Letztlich gilt der Zusammenhang, dass die Summe der Abschreibungen zuzüglich Restwert der Anlage dem Neuwert gleich ist (Restwert ist der nach Aufgabe des Betriebes in flüssige Mittel überführbare Anteil der Liegenschaften und Einrichtungen). Für die Abschreibungsart gibt es verschiedene Vorstellungen: degressive, lineare, leistungsproportionale, zeitproportionale, steuertechnische.
Da aber diese Tätigkeit unsere Berechnungen nicht beeinflusst, vertiefen wir uns nicht in dieses Thema.

18

2.2 Zeitbegriffe

Vorbemerkung: Bei Wirtschaftlichkeitsberechnungen ist die gebräuchliche Zeiteinheit das
Jahr (a); bei technischen Problemen ist die meistgebrauchte und auch von den
SI empfohlene Zeiteinheit die Sekunde (s).

Diese Feststellung steht als Warnung hier, und wir verweisen auf Abschn. 2.6.2.

2.2.1 Bezugszeitpunkt, Stichtag (oder zeitlicher Nullpunkt)

Es ist zweckmässig, bei einer Problembehandlung einen Bezugszeitpunkt festzulegen und ihn bei
allen Rechenoperationen zu berücksichtigen. Bei Anlagen (Kraftwerke, Fabriken) wird man
zweckmässigerweise den Tag der kommerziellen Inbetriebnahme als Bezugszeitpunkt wählen.

2.2.2 Zeitskala

Bei grösseren Objekten müssen verschiedene Zeitperioden (Zeitdauer) unterschieden werden:
Die Zeitdauer, die zum Bau und zur Inbetriebnahme nötig ist; die mathematisch errechnete
Amortisationsdauer; die Nutzungsdauer; und schliesslich noch die technische Lebensdauer.

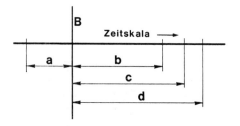

Bild 2.5. Die Symbole haben folgende
Bedeutung:

B = Bezugszeitpunkt, Stichtag

a = Zeit für den Bau und für die
Inbetriebnahme

b = Amortisationsdauer

c = Nutzungsdauer

d = technische Lebensdauer

- Die Zeitdauer für den Bau und für die Inbetriebsetzung beginnt mit der Planung und endet mit
der kommerziellen Inbetriebnahme.

- Die <u>Amortisationsdauer</u> - ein Begriff der Betriebsbuchhaltung - bezeichnet die Zeitspanne, die für die Tilgung (Rückzahlung) des investierten Kapitals nötig ist (vgl. Abschn. 2.1.13 und 2.3.2.1).

- Die <u>Nutzungsdauer</u> beginnt mit der kommerziellen Inbetriebnahme und endet mit der Stilllegung der Anlage. Die Stillegung kann wegen wirtschaftlicher Ueberalterung beschlossen werden, wobei die technische Funktionsfähigkeit des Produktes noch zufriedenstellend ist. Für technisch-wirtschaftliche Berechnungen kann die Einführung der Nutzungsdauer - die natürlich geschätzt werden muss und je nach Produkt verschieden sein kann - empfohlen werden.

- Die <u>technische Lebensdauer</u> wird begrenzt durch die Veralterung oder technische Unbrauchbarkeit des Produktes.

2.2.3 Ausnutzungsgrad

Ausnutzungsgrad ist die Summe der Zeitspannen, während welchen das Produkt im Einsatz ist, bezogen auf die gesamte Zeitspanne. Es wird sowohl der Begriff jährlicher Nutzungsgrad als auch Nutzungsgrad auf Lebenszeit gebraucht.

2.3 Zahlungen

2.3.1 Zahlungsströme

Sie erfassen alle Zahlungen (auch Gutschriften und Belastungen), die eine Anlage oder ein Produkt betreffen, vom Beginn der Planung bis zum Verkauf (Uebernahme der Anlage, Ablauf der Garantie). Zu unterscheiden sind Ausgaben (Aufwendungen, Kosten) und Einnahmen (Erlöse).

Die Zahlungsströme bestehen buchhalterisch aus sehr vielen Posten. Für die Wirtschaftlich-keitsberechnungen sollen nur die massgebenden Posten in die Berechnungen einbezogen werden. Man hüte sich vor dem Mitschleppen unbedeutender Posten, die das Resultat kaum merklich beeinflussen, indessen die Berechnungen schwerfälliger und unübersichtlicher machen. Das gilt insbesondere für Vergleichungen, bei denen durch Differenzbildung unwesentliche Posten (z.B. Unkosten) praktisch verschwinden. Welche Posten als massgebend gelten sollen, muss jeweils durch vernünftige Einschätzung bestimmt werden. Seitens der Aufwendungen sind meistens die Kapitalkosten und die Betriebs-Brennstoffkosten massgebend, auf der Einnahmeseite die Erlöse.

2.3.2 Kosten, Aufwendungen

Es sind dies für die Erstellung eines Produktes oder Erstellung und Betriebsführung eines Systems, einer Anlage verbrauchten Kapitalien, Güter und Dienstleistungen.

2.3.2.1 Kapitalkosten

Das in ein Unternehmen investierte Kapital - bereits in Abschn. 2.2.1 definiert - deckt alle Aufwendungen, die zur Erstellung des Produktionsbetriebes (Anlage, Fabrik) nötig sind. Es erfasst Landerwerb, Bauten, Anschaffung von Produktionsmitteln (Maschinen), somit sämtliche vor dem Bezugszeitpunkt getätigten massgebenden Ausgaben, alle auf den Bezugszeitpunkt eskomptiert.

Das investierte Kapital muss verzinst zurückgezahlt werden, entweder um den Unternehmer nach Aufgabe des Betriebes zu entschädigen oder um die im Laufe der Zeit abgenützten, veralteten, technisch unzeitgemäss gewordenen Einrichtungen durch neue zu ersetzen.

Den auf das Jahr entfallenden Anteil der Rückzahlung nennen wir Kapitalkosten. Sie bestehen aus einem Tilgungsanteil und einem Zinsanteil (vgl. Abschn. 2.1.13). Die Kapitalkosten belasten für die Amortisationsdauer das Produkt, wobei der auf das Betriebsjahr entfallende Betrag zweckmässigerweise mit dem Tilgungsfaktor (vgl. Abschn. 2.1.14) zu rechnen ist. Den Rückzahlungsprozess nennt man Amortisation und deren Dauer (Anzahl der Jahre) Amortisationsdauer (vgl. Abschn. 2.2.2). Die Rückzahlung kann theoretisch eine Barauszahlung sein, praktisch erfolgt sie jedoch durch Buchung, deren Wert man Rückstellung nennt.

Bemerkungen:

- Bei Zuzug von Fremdkapital entstehen zusätzliche Zinskosten; der Zinssatz des Gläubigers ist höher als der mittlere Bankzinssatz, den die Bank auf Einlagen bezahlt (vgl. Abschn. 2.4.5.1). Ob diese Mehrzinsen den Kapitalkosten zuzuzählen sind oder nicht, ist Anschauungssache. (vgl. Abschn. 2.1.1 und 2.4.5.2).

- Neben dem investierten Kapital wird auch Betriebskapital benötigt. Dieser Kapitalanteil geht nicht in unsere Berechnungen ein.

- <u>Amortisation</u> und <u>Abschreibungen</u> sind unterschiedliche Begriffe. Für unsere Berechnungen ist die Amortisation massgebend, die Abschreibung ist ein Begriff der Finanzbuchhaltung, den wir in Abschn. 2.1.15 kurz gestreift haben.

Zur Veranschaulichung des Amortisationsprozesses und der Kapitalbewegung während der Amortisationsdauer soll ein sehr einfaches Beispiel angeführt werden:

Herr A besitzt Fr 20'000.--; legt er sie auf die Bank mit 4 % Zins, so hat er nach 4 Jahren 20'000.-- x 1,04 ^{4} = Fr 23'400.--.

Herr A will indessen eine höhere Rendite erreichen, mindestens 8 %, wodurch sein Kapital auf 20'000.-- x 1,08^4 = Fr 27'210.-- anwachsen würde. Somit hätte er also einen Gewinn von Fr 3'810.-- erwirtschaftet.

Er beschliesst, für die Fr 20'000.-- ein Auto zu kaufen und es als Mietwagen zu betreiben. Das Auto fährt jährlich 25'000 km, und Herr A muss mit folgenden jährlichen Kosten rechnen:

		Fr
Fahrer	12 x Fr 4'000.--	48'000.--
Benzin	2500 l à Fr 1.20	3'000.--
Steuern und Versicherung, Miete		2'000.--
Reparaturen und Instandhaltung		3'000.--
Kapitalkosten	20'000 x 0,275 *)	5'500.--
		————
Gesamte jährliche Aufwendungen		61'500.--

*) 0,275 entsprechen dem Tilgungsfaktor für 4 Jahre bei 4 % Zins

Von den jährlich gefahrenen 25'000 km sind 20 % Leerfahrten, bezahlen werden somit nur 20'000 km und zwar mit 3,2 Fr/km. Der gesamte Erlös beträgt Fr 64'000.--. Herr A verfügt somit am Ende des ersten Jahres über einen Reingewinn von Fr 2'500.--, die er zusammen mit den aus dem Geschäft entzogenen Kapitalkosten dem Amortisationsbetrag von Fr 5'500.--, also insgesamt Fr 8'000.-- auf die Bank legt. Diese Einlage trägt 3 Jahre lang 4 % Zinsen, und somit wächst sie bis zum Ende des 4. Jahres auf Fr 8'999.-- an.

Das zweite Jahr verläuft ähnlich, mit dem Unterschied, dass die Reparaturkosten um Fr 1'000.-- steigen. Herr A kann nunmehr Fr 7'000.-- auf die Bank legen, die noch 2 Jahre lang Zins tragen und somit den Wert von Fr 7'571.-- erreichen.

Im 3. und 4. Jahr steigen die Reparaturkosten um je Fr 1'000.--, dementsprechend gibt Herr A im 3. Jahr Fr 6'000.-- auf die Bank, die ein Jahr lang verzinst auf den Wert von Fr 6'240.-- anwachsen. Am Ende des 4. Jahres verfügt er noch über Fr 5'000.--.

Sein Bankguthaben hat sich in den vier Jahren folgendermassen gestaltet:

	Einlage Fr	Zins für die Jahre	Betrag Fr
am Ende des 1. Jahres,	8'000.--	$1,04^3$	8'999.--
" " " 2. Jahres,	7'000.--	1.04^2	7'571.--
" " " 3. Jahres,	6'000.--	1.04^1	6'240.--
" " " 4. Jahres,	5'000.--		5'000.--

Das gesamte Guthaben am Endes des 4. Jahres beträgt   27'810.--

Herr A hat somit mit dem Auto eine Rendite von 8,6 % erwirtschaftet. Dabei ist es ganz gleichgültig, ob ein Fahrer angestellt worden ist oder ob er selber gefahren ist.

Dieses Beispiel zeigt die Bewegung des Geldes, und besonders lehrreich ist es zu verfolgen, wie mittels der Kapitalkosten das Geld zum Investor zurückfliesst. Der eigentliche Gewinn von Herrn A beträgt 27'810 - 23'400 = Fr 4'410.--.

2.3.2.2 Betriebskosten

Sie bestehen als massgebende Posten aus Energie-(Brennstoff)Kosten und Materialkosten.

Die Energiekosten erfassen alle Aufwendungen für Brennstoffe und Energiebezüge (vorwiegend elektrischen Strom), die für die Erzeugung eines Produktes oder für das Aufrechterhalten des Betriebes nötig sind.

Die Materialkosten erfassen alle Aufwendungen für Rohstoffe (z.B. bei einer Zuckerfabrik die Kosten für die Zuckerrübe) oder Grundstoffe (Halbfertigwaren wie Stahl, Metallerzeugnisse), die zur Herstellung eines Produktes nötig sind. Ausserdem werden Hilfsmaterialien benötigt (z.B. Schmieröl für die Maschinen, Verpackungsmaterial usw.). Meistens ist es nicht nötig, die letztgenannten in die Berechnungen einzuführen, da sie nicht massgebend sind.

2.3.2.3 Personalkosten

Sie enthalten Löhne, Gehälter sowie die mit diesen verbundenen Sozialbeiträge sowie alle übrigen Personalkosten. Ob die Personalkosten als massgebend zu bewerten sind, hängt von der Art der Problemstellung ab. Geht es z.b. um die Frage, einen Betrieb stark zu automatisieren und dadurch Personalkosten einzusparen, dann müssen offenbar die Personalkosten als massgebend taxiert werden. Wenn es hingegen um den Vergleich zweier Offerten eines Kraftwerkes geht, bei denen der Wirkungsgrad der Anlage das finanzielle Resultat um Grössenordnungen beeinflusst, die Personalkosten hingegen in beiden Fällen etwa gleich hoch zu stehen kommen, so ist es nicht sinnvoll, die letzteren in die Berechnungen miteinzubeziehen; sie sind eben nicht massgebend.

2.3.2.4 Sonstige Kosten

Zu diesem Stichwort gehören verschiedene Posten, z.B. Unterhalt, Reparaturen, Unkosten, Steuern, Versicherungsprämien und ähnliches. Diese Kosten gehen meistens nicht in die technisch-wirtschaftlichen Berechnungen ein, denn der Wirtschaftserfolg des Betriebes oder des Produktes hängt von diesen Ausgabeposten praktisch nicht ab.

2.3.3 Einnahmen

Erlöse sind Vergütungen (Zahlungen) zugunsten des Unternehmers für das erzeugte und verkaufte Produkt, die Ware, Dienstleistung (z.B. elektrische Energie).

Sonstige Einnahmen werden hier nur vollständigkeitshalber erwähnt, betreffen aber die Wirtschaftlichkeitsberechnungen nicht. Als Beispiel: erhaltene Zinsen für gewährte Anleihe oder für Obligationen.

2.3.4 Kosten, Preis, Wert, Nutzen

Es ist wichtig, diese Begriffe, die oft unbedacht unrichtig verwendet werden, einmal einander gegenüberzustellen.

Kosten (Erstellungskosten) enthalten die Summe der Aufwendungen, die für die Erzeugung des Produktes nötig waren.

Preis ist der am freien Markt vereinbarte Gegenwert des Produktes, der - unabhängig von den Kosten - durch Angebot und Nachfrage bestimmt wird.

Wert einer erworbenen Ware ist bestimmt durch den Nutzen, den der Eigentümer durch deren Gebrauch (Anwendung) erzielen kann. (Seltenheitswerte, Sammlerwerte sind hier ausgeschlossen.)

Als Beispiel: Die Kosten dieses Buches betragen pro Exemplar A, der Verkaufspreis ist P, der Wert des Buches ist W, und der, der das Buch erworben hat und es gebraucht, zieht einen Nutzen N. Verlag, Verkäufer, Buchinhaber fahren alle gut, wenn $A < P < W < N$ ist.

2.4 Beurteilung der Wirtschaftlichkeit: der Wirtschaftserfolg

2.4.1 Ertrag

Ertrag (rendement) ist das Ergebnis einer wirtschaftlichen Betätigung für eine Zeitperiode. Ertrag ist die Summe der Erlöse, die das Unternehmen dank seiner Tätigkeit erwirtschaftet hat, zuzüglich andere Einnahmequellen. Der Begriff lässt sich auch auf eine Komponente einer Anlage (z.B. auf einen Wärmetauscher) anwenden, indem die finanziellen Auswirkungen der Komponente erfasst werden.

2.4.2 Gewinn (absoluter, relativer), Rendite

Der absolute Betrag des Gewinnes G für eine Zeitperiode ist die Differenz zwischen Ertrag E und Aufwendungen A:

$$G = E - A \qquad (2.9)$$

Ueblicherweise wird diese Form für das Jahr gebraucht. Die Aufwendungen bestehen aus dem jährlichen Anteil des Kapitals und den Betriebskosten:

$$A = \psi K + B \qquad (2.10)$$

Jede Kostenersparnis im Betrieb vermindert B und erhöht somit den Gewinn.

Der relative Gewinn ist identisch mit dem Begriff Rendite R und ist der auf das investierte Kapital bezogene Wert des jährlichen absoluten Gewinnes:

$$R = \frac{G}{K} \qquad (2.11)$$

Der Begriff Rendite bedarf der Präzisierungen.

Ein Kapitalinhaber kann sein Kapital einer Bank überlassen oder einem Unternehmen leihen (Obligationen kaufen), d.h. das Geld als solches anlegen und erhält dafür Zinsen als Vergütung. Das Geschäft, das er dabei macht, ist praktisch risikofrei. Die auf die Einheit des Kapitals bezogene Vergütung, der Zinssatz z , ist gleichzeitig die Rendite R. Wir nennen diese Rendite Bankrendite und bezeichnen sie mit dem Symbol R_b. Ob die dem jeweiligen konjunkturellen Zustand entsprechende Bankrendite mit dem unter Abschn. 2.4.5.1 definierten kalkulatorischen Zinsfuss identisch ist, sei hier offengelassen. Aber wir können für alle Fälle festhalten, dass bei einem Bankgeschäft die Rendite eindeutig definiert ist.

Dem ist nicht so bei einem industriellen Unternehmen. Es ist eine Erfahrungstatsache aus der Praxis, dass für die Rendite verschiedene Definitionen gebraucht werden. Diese sollen zur Vereinfachung hier nicht angeführt werden. Wir wollen aber festhalten, dass für unsere Betrachtungen die Rendite mit der Gleichung 2.11 definiert ist: sie ist also der auf das investierte Kapital bezogene absolute jährliche Gewinn.

2.4.3 Wirtschaftserfolg; Cash flow; Wertschöpfung

Der Wirtschaftserfolg enthält - in ganz allgemeinem Sinn - eine Aussage über das Ergebnis eines Unternehmens oder über den Gebrauch einer Komponente in einem grösseren Komplex. Der Wirtschaftserfolg kann in mathematischem Sinne positiv oder negativ sein; natürlich wird kaufmännisch nur ein positiver Wirtschaftserfolg als solcher erachtet. Für eine geplante Tätigkeit muss der Wirtschaftserfolg im voraus abgeschätzt werden; während des Betriebes kann er aufgrund von Messdaten und finanziellem Stand nachgeprüft werden. Man ermittelt ihn aufgrund des Ertrages und der Aufwendungen, die sich für eine Zeitperiode ergeben. Der Wirtschaftserfolg kann schlechterdings nicht mit dem Gewinn gleichgesetzt werden, schon aus dem Grunde nicht, weil der Gewinn verschiedenartig definiert werden kann.

Cash flow (Kassenfluss) gilt in der Finanzbuchhaltung als Index für die Beurteilung des Geschäftsganges eines Unternehmens. Seine Definition wird hier nur orientierungshalber angeführt, bei den Betriebsberechnungen wird dieser Begriff nicht gebraucht. Cash flow ist der

Ertrag eines Unternehmens (A.G., GmbH, staatliches oder privates Unternehmen, usw.), der über die reinen unmittelbaren Aufwendungen hinausgeht, also die Summe des Reingewinnes inkl. Rückstellungen, Steuern und Abschreibungen.

Wertschöpfung wird ebenfalls nur orientierungshalber angegeben. Man setzt sie gleich mit der Summe der Personalaufwendungen, des Reingewinnes und der Steuern.

FINANZBUCHHALTUNG

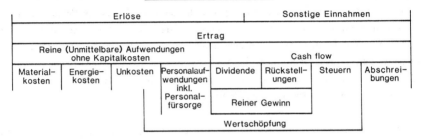

BETRIEBSBUCHHALTUNG

Bild 2.6 Es zeigt die Zusammenhänge der besprochenen Wirtschaftsbegriffe

In Bild 2.6 geben wir eine skizzenhafte Darstellung der arithmetischen Zusammenhänge der besprochenen Wirtschaftsbegriffe. Die obere ausführlichere Skizze entspricht den in der Finanzbuchhaltung gebräuchlichen Vorstellungen. Die untere gilt für die Betriebsbuchhaltung und ist bereits eingeschränkt auf jene Begriffe, die für unsere Untersuchungen nötig sind. Die Länge der einzelnen horizontalen Striche soll nicht als quantitatives Mass bewertet werden.

2.4.4 Quantifizierung des Wirtschaftserfolges; Wirtschaftlichkeitskriterien

Bei jeder Tätigkeit – Erstellung und Betrieb einer Anlage, Produktion einer Ware, Erbringung einer Dienstleistung, Aenderung einer Komponente einer bestehenden Anlage -, bei der ein Wirtschaftserfolg erwartet wird, muss ein wirtschaftliches Ziel gesetzt werden. Um dieses angestrebte Ziel objektiv angeben zu können, muss es quantitativ formuliert werden. Man postuliert konkrete Bedingungen, Forderungen und ist bestrebt, diese bestens zu erfüllen. Diese Postulate nennt man Kriterien, sie lassen sich nicht logisch herleiten.

Es sind zum Teil die Anschauung, zum Teil der Einfluss der momentanen Wirtschaftslage oder auch spezielle Umstände, die den Inhalt des Begriffes ergeben. Man kann z.b. verlangen, dass die Selbstkosten des erzeugten Produktes minimal seien, oder man fordert eine maximale Verzinsung des investierten Kapitals. Auch andere Bedingungen lassen sich stellen.

Von der technischen Seite her betrachtet, können aber auch offene Fragen entstehen, insbesondere, wenn der Erfolg einer technischen Lösung über verschiedene Auswirkungen ausgenutzt werden kann (z.b. erlaubt die Verbesserung des Wirkungsgrades eines Kraftwerkes entweder eine Mehrproduktion an elektrischer Energie oder eine Verminderung der Brennstoffzufuhr).

Sind die technischen Zusammenhänge, Naturgesetze, Stoffworte usw. nicht ausreichend, um eine eindeutige Lösung des Problems herbeizuführen, so sind es eben die durch die Kriterien definierten zusätzlichen Bedingungen, die diese Lücke füllen.

Die Wirtschaftlichkeitskriterien werden in Abschn. 3.3 ausführlich behandelt.

2.4.5 Optimierung

Die technische Verwirklichung eines Vorhabens - sei es die Konstruktion eines Apparates, Produktes oder die Ausarbeitung eines Verfahrens, der Entwurf einer Anlage, eines Kraftwerkes, einer Fabrik - unterliegt immer wirtschaftlichen Gesichtspunkten. Man sucht die "wirtschaftlich optimale Lösung", wobei das technisch einwandfreie Funktionieren bis zu einem vernünftigen Sicherheitsgrad eine selbstverständliche - meistens nur stillschweigend gestellte - Bedingung ist.

Die Realisierung dieser Ziele verlangt, dass die Ergebnisse der technisch-wirtschaftlichen Berechnungen ein vorgegebenes Wirtschaftskriterium erfüllen. Bei den Berechnungen müssen alle massgebenden Kosten (meistens sind es im wesentlichen die Kapitalkosten und die Betriebskosten) sowie Erträge berücksichtigt werden. Man sucht nicht die billigste Lösung, sondern die das Kriterium erfüllende, kurz gesagt, die günstigste Lösung.

Wie die Optimierungsberechnungen im einzelnen durchzuführen sind, wird ausführlich in Abschn. 3.5 gezeigt. Hier werden nur noch die Definitionen einzelner Begriffe gegeben, die zu diesem Stichwort gehören.

2.4.5.1 Kalkulatorischer Zinssatz

Bereits in Abschn. 2.1.6 ist der Zins und in Abschn. 2.1.7 der Zinssatz als Begriff behandelt. Auch ist darauf hingewiesen worden, dass im Geschäftsleben zum gleichen Zeitpunkt Zinssätze verschiedener Höhe nebeneinander verlangt werden können. Es stellt sich natürlich sofort die Frage, welcher Zinssatz bei den Optimierungsberechnungen einzusetzen ist und mit welchem Zinssatz der Tilgungsfaktor gebildet werden soll (vgl. Abschn. 2.1.14, Gl. (2.8)).

Für die Verzinsung des Eigenkapitals eines Unternehmens kann sinnvollerweise vorgeschlagen werden, $z_b + \Delta z = z_u$ einzusetzen, wobei z_b den mittleren von den Banken bezahlten Zinssatz bedeutet und Δz ein Zuschlag ist, den der Unternehmer - der ein Risiko eingeht und Verantwortung und Mühe auf sich nimmt - für angemessen hält (z.B.: $z_b = 4\%$, $\Delta z = 3\%$). Für das Fremdkapital sind die effektiven, langfristigen Schuldzinsen massgebend. Es empfiehlt sich, für die Berechnungen einen anteilmässigen Mittelwert zu bilden.

Der kalkulatorische Zinssatz kann auch als finanzmathematische Rechengrösse gedeutet werden, um zu verschiedenen Zeitpunkten fällige Kapitalien vergleichen zu können.

2.4.5.2 Einfluss des Fremdkapitals

Wurde bei der Gründung eines Unternehmens Fremdkapital zugezogen, so lässt sich je nach Auffassung sagen:

- Der Zuzug von Fremdkapital ist ein Geschäft für sich und tangiert die optimale Auslegung der Anlage nicht, m.a.W.: die Optimierung kann nicht von der Art der Kapitalbeschaffung abhängen.

- Der Zuzug von Fremdkapital belastet den Wirtschaftserfolg des Unternehmens, infolgedessen muss er bei der Optimierung berücksichtigt werden. Das führt zu einer bescheideneren Auslegung (z.B. einer kleineren Anlage oder einem tieferen Wirkungsgrad).

Welcher von diesen beiden Prinzipien akzeptiert wird, ist eine Ermessensfrage. Wir neigen eher zu der zuerst angeführten Auffassung. Die Absage an die Berücksichtigung der Sonderstellung des Fremdkapitals ist naheliegend, wenn man bedenkt, dass auch andere Geschäfte des Unternehmens nicht berücksichtigt werden (z.B. der Finanzerfolg eines Geschäftes, den der Unternehmer mit dem aus den Rückzahlungen (Amortisationsraten) entstandenen Kapital erzielt).

2.4.5.3 Teuerung, Geldentwertung

Soll bei der Planung einer Anlage die für die folgenden Jahre erwartete Teuerung berücksichtigt werden, so müssen die entsprechenden Daten, nämlich die für die folgenden Jahre geschätzte Teuerungsrate, vorgegeben werden. Man bezieht vorteilhafterweise alle Werte auf den Bezugszeitpunkt (zeitlicher Nullpunkt). Beträgt die Teuerung für n Jahre τ % (d.h. eine Ware, die heute A Fr kostet, muss nach n Jahren mit A $(1 + \tau)$ Fr bezahlt werden), so entspricht eine Zahlung von K Fr zum Zeitpunkt n , indem man die Teuerung berücksichtigt und die Zahlung auf den Bezugszeitpunkt eskomptiert:

$$K_0 = \frac{K}{1 + \tau} \, q^{-n} \qquad (2.12)$$

2.4.5.4 Einschränkungen

Es kann vorkommen, dass das absolute Optimum wegen Beschränkungen - wie technische Begrenzungen, Sicherheitsvorschriften, Kapitalmangel usw. - nicht verwirklicht werden kann. In solchen Fällen muss man sich mit einem relativen, gleichzeitig bescheideneren Optimum begnügen.

2.4.6 Paritätsfaktoren

Bei vielen wirtschaftlichen Untersuchungen sind neben den üblichen finanztechnischen Bestimmungsgrössen die zu- oder abgeführte Energie bzw. Leistung für das Resultat mitbestimmend. Es hat sich als zweckmässig erwiesen, zwischen Kapital und Leistung (im klassisch physikalischen Sinn), Paritätsfaktoren einzuführen mit der Dimension, Kapital durch Leistung (z.B. Fr/kW). Bei der Leistung kann es sich um verschiedene Arten handeln: Wärmestrom, mechanische oder elektrische Leistung, die zugeführt oder vom System abgegeben werden.

Die Einführung der Paritätsfaktoren erlaubt eine rationale Behandlung der Probleme. Sie sind insbesondere bei elektrischen Anlagen, sowohl bei deren Neukonzeption als auch bei technisch modifizierenden Massnahmen, die das thermodynamische oder elektrische Geschehen ändern, mit Vorteil anwendbar. In Abschn. 3.7 werden die Paritätsfaktoren eingehend behandelt.

2.4.7 Gleichheit des Grenznutzens; Ausgewogenheit von Anlagen

Die klassische Theorie über den Grenznutzen besagt, dass die letzte zur Verfügung stehende Einheit eines Gutes, die das als am wenigsten drückend empfundene Bedürfnis noch deckt, massgebend für deren Bewertung ist.

Bei einer Anlage, die aus vielen Komponenten besteht, kann dieser Grundsatz in folgendem Sinne Anwendung finden: Ist man bereit, bei einer fertig geplanten oder bestehenden Anlage durch eine Massnahme eine Verbesserung herbeizuführen, die ΔK (Fr) kostet und dafür einen Gewinn vom Barwert ΔY (Fr) - beide für denselben Bezugszeitpunkt geltend - bewirkt, so ist die Verbesserung wirtschaftlich sinnvoll, wenn $\Delta K < \Delta Y$ ist. In diesem Falle ist die Massnahme auszuführen, ansonsten zu unterlassen.

Unter Befolgung dieses Prinzips kann man alle Komponenten einzeln, unter konsequenter Anwendung eines vereinbarten Wirtschaftlichkeitskriteriums testen, und damit ist der Weg für eine wirtschaftlich ausgewogene Anlage angezeigt.

Wollte man die Ausgewogenheit einer aus vielen einzelnen, in sich optimal ausgeführten Komponenten bestehenden Anlage nach strengen mathematischen Prinzipien erreichen, so müssten alle relevanten Zusammenhänge angeschrieben und das Optimum - das wäre in diesem Falle die Bedingung für die Ausgewogenheit - berechnet werden. Dieses Prinzip muss aber aus rechenökonomischen Gründen fallengelassen werden; nicht einmal mit Hilfe von leistungsfähigen Computern würde sich das theoretische Optimum innerhalb nützlicher Frist ermitteln lassen.

Das gewünschte Optimum lässt sich aber gut annähern, indem das Prinzip der Gleichheit des Grenznutzens angewendet wird. Dieses besteht im wesentlichen darin, dass - immer unter Beibehaltung des vereinbarten Wirtschaftlichkeitskriteriums - die einzelnen Apparate, unabhängig von den anderen, an die Anlage optimal angepasst werden (so z.B. Rohrdurchmesser, Flächen von Wärmetauschapparaten, Antriebe usw.). Dieses Verfahren ist zulässig, weil die Aenderungen relativ klein sind und somit ihre Auswirkung auf die Bemessung anderer Komponenten vernachlässigbar ist, ebenso aber wegen der in Abschn. 1.4 besprochenen Ungenauigkeit der für die Zukunft prognostizierten Ausgangsdaten.

Werden statt optimierter Komponenten typisierte - die einer Typenreihe angehören - verwendet, so rückt man bewusst vom theoretischen Optimum ab. Allerdings sind die Abweichungen nicht gross, und die wegen der Abweichung vom Optimum sich ergebenden Verluste werden durch die gesenkten Erstellungskosten der typisierten Komponenten wettgemacht (vgl. Abschn. 4.9).

2.5 Feststellungen, Voraussetzungen, Abgrenzungen

2.5.1 Abgrenzungen der Kompetenzen

Der in einem Unternehmen schöpferisch schaffende Ingenieur wird die ihm von der Geschäftsleitung gestellten Probleme lösen und auch selber Vorschläge machen. Die von ihm erarbeiteten Lösungen müssen technisch einwandfrei und wirtschaftlich sinnvoll sein. Es gehört aber nicht zu seinem Wirkungskreis und bleibt der Geschäftsleitung vorbehalten, über die Verwirklichung, Organisation und Finanzierung der Vorschläge Beschlüsse zu fassen. Entsprechend unserer eingangs dargelegten Zielsetzung werden die dem Wirkungskreis der Geschäftsleitung angehörenden Wirtschaftlichkeitsprobleme hier nicht behandelt. Dies umso weniger, als über diese Problematik eine reiche Literatur jüngsten Ursprungs vorhanden ist.

2.5.2 Beurteilung eines Vorhabens

Die Stellungnahme zur Verwirklichung eines Vorhabens wird massgebend vom erwarteten Wirtschaftserfolg abhängen. Es müssen aber auch andere Aspekte, deren Einfluss und (oder) Auswirkungen nicht quantifizierbar sind und somit in den Wirtschaftlichkeitsbetrachtungen nicht berücksichtigt werden können, bei der Beschlussfassung mit in Erwägung gezogen werden. Man denke an Betriebssicherheit, Verfügbarkeitsgrad, Service, Korrosionsbeständigkeit, Umweltbeeinflussung, Reservehaltung, Lebensdauer, Einrichtungen für Versuche, behördliche Vorschriften, durch Verbesserung entstandene Komplizierung der Anlage und die dadurch verursachte grössere Anfälligkeit für Störungen usw.. Die Berücksichtigung dieser Aspekte verursacht Schwierigkeiten in dem Sinne, dass sie einen Kapitalaufwand benötigen, während ihre Wirkung finanziell nicht fassbar oder gar nicht vorhanden ist. Man kann sie in gewissem Sinne als "Opfer" bezeichnen, die bei der Beschlussfassung mitspielen; man kann sie mit Zahlen nicht erfassen, allerhöchstens versuchen, die Aufwendungen für diese "Opfer" getrennt auszuweisen.

2.5.3 Optimierung: für wen?

Diese dem Anschein nach triviale Fragestellung erweist sich bei näherer Betrachtung als wichtig, und ihre Beantwortung ist in manchen Fällen nicht einfach.

- Wenn ein Investor ein Unternehmen gründet und die Anlage in eigener Regie selber technisch verwirklicht, so ist es klar, dass Optimierung entsprechend seinem Standpunkt gemacht werden muss.

- Wenn ein Lieferant einem Unternehmer Einrichtungen zu einer Anlage zu liefern hat (z.B. eine Maschinenfabrik die Einrichtungen eines Kraftwerkes), so muss die Optimierung für den Betreiber gemacht werden. Anders ausgedrückt, die Optimierung ist so auszuführen, dass die Interessen des Betreibers am besten gewahrt werden. Es kann wohl sein, dass die so gefundene Lösung nicht gleichzeitig optimal ist für die Lieferfirma. Diese muss unter Umständen einen Kostenanteil auf sich nehmen, wofür aber ihr Ruf steigt, und somit wird ihre Stellung im Konkurrenzkampf gefestigt.

In manchen Fällen ist es vernünftig, von obigem Grundsatz abzuweichen; so kann z.B. eine vom Betreiber der Lieferfirma auferlegte Pönale (oder Bonus) zu speziellen Bedingungen führen. Die optimale Wirtschaftlichkeit verliert dann ihren eigentlichen Sinn, und die Lieferfirma muss, um ihre wirtschaftlichen Vorteile zu wahren, versuchen, die Summe ihrer Herstellungskosten, zuzüglich die evtl. zahlbare Pönale, auf ein Minimum zu reduzieren.

Bei praktisch gleichwertigem wirtschaftlichen Erfolg für den Betreiber wird man die Betriebskosten der Anlage zulasten einer Mehrinvestition zu verringern trachten und somit - ohne den Betreiber dabei zu benachteiligen - den wirtschaftlichen Erfolg der Lieferfirma durch höheren Umsatz fördern.

- Wenn ein Pflichtenheft aufliegt, das zahlreiche Randbedingungen festlegt, kann die Optimierung nur innerhalb der gegebenen Grenzen durchgeführt werden.

- Der Verkaufspreis, der mit dem Betreiber ausgehandelt wird, hat mit der Optimierung nichts zu tun. Ebensowenig eine Konkurrenzsituation, die auf die Preise drückt und eventuelle Modifikationen in der Ausführung erzwingt.

- Wenn eine Lieferfirma Produkte auf Lager erzeugt oder Komponenten einer grösseren Einheit (Anlage) als Typen herstellt oder zumindest die dazugehörigen Vorarbeiten erledigt (Berechnungen, Zeichnungen in der Schublade, Modelle usw.), dann ist die Optimierung dieser Erzeugnisse eindeutig vom Standpunkt der Lieferfirma aus durchzuführen.

- Es kann vorkommen, dass die oben stipulierten Grundsätze eine sich widersprechende Situation erzwingen. In solchen Fällen bleibt nichts anderes übrig, als eine Kompromisslösung zu suchen.

2.5.4 Zeitspanne der Optimierung

Die Optimierung wird meistens für die Dauer eines Jahres gemacht.

Manchmal wird der Wunsch laut, die Berechnungen für die Dauer von mehreren Jahren oder, im Extremfall, bis zum technischen Lebensende der Anlage durchzuführen. Für solche Berechnungen müssen natürlich die Bestimmungsgrössen für die zukünftige Zeitperiode geschätzt werden. Die Verlässlichkeit solcher Prognosen ist meistens zweifelhaft, was mit einer vergrösserten Fehlergrenze gleichbedeutend ist.

2.5.5 Standortbestimmung, Vergleiche mit Alternativen

Sowohl bei der Projektierung als auch nach angemessener Betriebszeit ist eine Standortbestimmung notwendig, um die wirtschaftliche Realität zu wahren. Bei der Projektierung sollten verschiedene Offerten sowie Lösungsvorschläge verglichen und beurteilt werden; ebenso soll der erwartete absolute oder relative Gewinn mit der allgemeinen Lage des Geldmarktes in Beziehung gesetzt werden. Man muss abwägen, ob der in Abschn. 2.4.5.1 stipulierte Zinszuschlag, der dem Unternehmer als Entgelt seines Risikos, seiner Verantwortung und Mühe zusteht, wirklich erreichbar ist. Dieses Vorgehen ist notwendig und sinnvoll.

Indessen wird manchmal versucht, die Wirtschaftlichkeit eines ausgeführten Vorhabens mit einer fiktiven Alternative zu vergleichen. Man stellt die Frage in folgender Form: Welcher

Wirtschaftserfolg wäre zu erwarten gewesen, wenn man statt der verwirklichten Lösung eine andere ausgeführt hätte?

Die Beantwortung dieser und ähnlicher Fragen ist absolut sinnlos, weil sie keine solide Basis hat und wir nur durch Schätzungen zu einem Rechenergebnis kommen. Diese Behauptung soll an einem Beispiel erläutert werden.

Ein Unternehmer hat in seinem Betrieb zwei Pumpen laufen: die eine ist 15 Jahre alt, hat einen Wirkungsgrad von 80 %, die andere ist nur 10 Jahre alt und hat einen Wirkungsgrad von 85 %. Beide werden durch neue ersetzt mit je einem Wirkungsgrad von 90 %. Die Frage ist, wie verzinsen sich die neuen Pumpen?

Hier begeht man einen Fehler, wenn man die Wirkungsgrade vergleicht und mit einer geschätzten Zeit versucht, das Kapital zu verzinsen.man wird auch wegen der verschiedenen Wirkungsgrade der beiden Pumpen verschiedene Resultate erhalten.

Man sieht, dass man sich auf Irrwegen befindet, denn die beiden Pumpen sind ja da und machen die gleiche Arbeit. Was in der Vergangenheit passierte, ist doch gleichgültig.

Richtig ist, wenn man die neuen Pumpen allein betrachtet und für diese die Rechnung macht: man weiss dann, wie teuer die Pumpen waren und wieviel die Arbeit wert ist, die sie verrichten. Daraus lässt sich die Zeit berechnen, die für die Amortisation nötig ist. So besitzt man ein klares Bild.

2.6 Technische Begriffe

Die technischen Begriffe werden entsprechend ihrer physikalischen Definitionen gebraucht, die jedem Ingenieur geläufig sind. Für die Begriffe Arbeit und Leistung sind aber, insbesondere mit Rücksicht auf den Kraftwerkbau, Präzisierungen notwendig, die wir in Abschn. 2.6.1 darlegen. Der folgende Abschn. 2.6.2 behandelt die Masssysteme.

2.6.1 Arbeit, Leistung

Obwohl diese Begriffe physikalisch klar definiert sind, müssen sie wegen ihrer wichtigen Rolle, die sie bei den Wirtschaftlichkeitsüberlegungen spielen, separat behandelt werden. Die zur

Erzeugung eines Produktes nötige Arbeit bzw. Leistung muss richtig erfasst werden, und es muss über die im Kraftwerkbau gebräuchlichen, verschiedenartig definierten Formen dieser Begriffe einiges gesagt werden.

Bei der Erzeugung eines Produktes wird Energie verbraucht: und zwar sowohl thermische als auch mechanische (elektrische). Man muss mit Nachdruck darauf hinweisen, dass die beiden Energiearten verschieden zu bewerten sind: als Folge des zweiten Hauptsatzes der Thermodynamik ist mechanische Energie eine edlere, also teurere Energieform als die Wärme. Es gibt Betriebe, die sowohl thermische als auch mechanische Energie benötigen. Sie können diese separat beziehen oder beide aus einer Quelle, einem Brennstoff, selber erzeugen. Im letzteren Fall arbeitet der Betrieb nach dem Prinzip der sogenannten "Kraft-Wärme-Kopplung".

Im Kraftwerkbau werden die Begriffe Arbeit und Leistung auf mannigfache Weise verwendet: man spricht von Nennleistung, zugeführter Brennstoffleistung, installierter Leistung, Bruttoleistung (maximaler) Engpassleistung usw; ähnliches gilt auch für die Wirkungsgrade. Es gehört nicht zu unseren Aufgaben, diese Leistungsformen bzw. Wirkungsgrade einzeln zu definieren; wir wollen nur darauf aufmerksam machen, dass man sich bei jeder Problemerarbeitung über die Bedeutung der aktuell gebrauchten Begriffe im klaren sein muss.

Auch im Kraftwerkbau ist die Kraft-Wärme-Kopplung möglich. Sie wird heute sogar stark angestrebt, denn sie ermöglicht grosse Brennstoffersparnisse. Die Aufteilung der gesamten Erzeugungskosten auf die dem Netz abgegebene elektrische Energie und auf die dem Wärmeverteilungsrohrsystem abgegebene Wärme kann nicht zwangsmässig erfolgen. Man benötigt eine willkürliche Stellungnahme. Als Beispiel sei hier eine Art der Kostenaufteilung angeführt. Nachdem die Erzeugung der elektrischen Energie wegen der Wärmeabgabe kleiner wird, kann der Ertrag, den die nicht erzeugte elektrische Energie eingebracht hätte, dem Wert der kommerziell ausgenützten Wärme gleichgesetzt werden. Mit anderen Worten, man projiziert den Wert der verlorenen elektrischen Energie auf die Einheit der Wärme. Andere Berechnungsprinzipien sind auch möglich und gerechtfertigt.

2.6.2 Masssysteme

In diesem Buch wird konsequent nur das SI-System gebraucht. Die Grundeinheiten sind:

Masse	Kilogramm	kg
Länge	Meter	m
Zeit	Sekunde	s
Temperatur	Grad Kelvin	K

Die wichtigsten abgeleiteten Einheiten:

Kraft	Newton	N	$\left[\dfrac{kg\ m}{s^2}\right]$
Arbeit	Joule	J	$\left[\dfrac{kg\ m^2}{s^2}\right]$
Leistung	Watt	W	$\left[\dfrac{kg\ m^2}{s^3}\right]$

Bemerkungen

In unseren Betrachtungen wird für die Zeiteinheit neben der Sekunde s unvermeidbar auch die Stunde h und das Jahr a gebraucht. Die Stunde hat sich bei der Arbeitseinheit: 1 Kilowattstunde kWh behauptet, und das Jahr a ist eine Grundeinheit der Wirtschaftlichkeitsbetrachtungen. Da es Gleichungen geben kann, in denen alle drei Zeiteinheiten nebeneinander gebraucht werden (z.B. bei der Geschwindigkeit s , bei der Arbeit h und bei der Zinsrechnung a), ist Vorsicht geboten.

Für Temperatur und Temperaturdifferenzen wird Grad Kelvin K gebraucht. Mancherorts verwenden wir das sich eingebürgerte Grad Celsius °C.

3 Theorie der Wirtschaftlichkeitsberechnungen

3.1 Notwendigkeit von Wirtschaftlichkeitskriterien

Vom Ingenieur wird immer verlangt, die gestellten technischen Probleme "wirtschaftlich" oder "wirtschaftlich bestens" zu lösen. Die Probleme können verschiedenartig sein: Sie betreffen einen Komplex, der nur einmal behandelt wird (z.b. ein Kraftwerk für einen vorbestimmten Ort) oder eine Komponente des Kraftwerkes (z.b. Kondensator), ein Produkt (z.B. Pumpe) oder ein System (z.B. elektr. Netz, Heizwerk, Rohrleitung für Gas). Meistens geht es um Optimierungen. Aber es gibt auch Fragestellungen anderer Art, z.b. den Vergleich zweier Lösungsvorschläge (Offerten), Entscheidungen für die eine oder andere Lösungsart (Transport per Bahn oder auf der Strasse), Abschätzung des Marktwertes eines neu gestalteten Produktes usw.

Allen diesen Aufgaben kann der Ingenieur aber nur gerecht werden, wenn der Wunsch nach bester Wirtschaftlichkeit definiert und in einer mathematisch beschriebenen Form angegeben wird. Schon aus den früheren Betrachtungen ist es klar, dass die Bedingungen zur Erfüllung des Wunsches nach bester Wirtschaftlichkeit nicht auf rein logischer Grundlage, zwangsmässig hergeleitet werden können. Dementsprechend entsteht die Notwendigkeit, eine Konvention zu treffen und diese mathematisch zu formulieren. Diesem Bedürfnis entspringen die Wirtschaftlichkeitskriterien, deren Erfüllung zum gewünschten Ziel führen wird.

Es sind mehrere Kriterien denkbar, die an und für sich alle gleichberechtigt sind. Welches man wählt, ist eine Ermessensfrage; oft werden die einfach formulierbaren Kriterien bevorzugt.

Im folgenden sollen einige - wichtigste - Kriterien besprochen werden. Zu deren anschaulichen Erläuterungen eignet sich sehr gut die Kapital-Gewinnfunktion, wie sie in Bild 3.1 schematisch dargestellt ist.

Warnung: Die in Abschnitt 3.3 besprochenen Paritätsfaktoren, bzw. deren numerische Werte werden nicht selten als Wirtschaftlichkeitskriterien erachtet. Diese Ansicht ist falsch. Paritätsfaktoren sind Hilfsbegriffe zur Erleichterung technisch-wirtschaftlicher Berechnungen.

3.2 Kapital-Gewinn-Funktion

Kapital, genauer investiertes Kapital, ist im Abschn. 2.1.1 definiert. In Abschn. 2.3.2.1 ist detailliert angegeben, wie die Kapitalkosten als Aufwendungen zu ermitteln sind. Ueber das Fremdkapital und dessen Einfluss auf die Aufwendungen sind in Abschn. 2.4.5.2 zwei Auffassungen besprochen.

Um es ganz klar zu sagen, wir verstehen in diesem Zusammenhang unter Kapital alle Zahlungen, die für die technische Durchführung eines Vorhabens nötig sind. Es zählen also alle getätigten Ausgaben, gemäss Abschn. 2.3.2.1; das Fremdkapital wird genau gleich behandelt wie das Eigenkapital (die für das Fremdkapital zu zahlenden Zinsen werden als ein Geschäft für sich erachtet). Ein Kapitalanteil, der als Reserve gilt oder anderwärtig gebraucht wird, z.B. Kauf von Obligationen, muss aus den technischen Rechnungen ausgeklammert werden.

Der jährliche Gewinn ist der jährliche Erlös, vermindert um die jährlichen Aufwendungen. Gemäss Abschnitt 2.4.2 lautet die entsprechende Gleichung: $G = E - A$ (2.9). Sowohl beim Erlös wie auch bei den Aufwendungen kommen aber für unsere technisch-wirtschaftlichen Berechnungen nur die Kosten in Betracht, die mit dem technischen Geschehen zusammenhängen. Zu berücksichtigen sind also beim Erlös die für die erzeugten Produkte bezahlten Preise, nicht aber die Zinseinnahmen von Obligationen oder Immobilien. Ebensowenig gehören die für das Fremdkapital zu bezahlenden Zinsen zu den in die Berechnung einzuführenden Aufwendungen.

Während bei einem Bankgeschäft (z.B. Erwerb von Obligationen) Begriffe wie "Investiertes Kapital", "Erlös", "Gewinn", "Rendite", klar und eindeutig sind, ist dem bei industriellen Unternehmungen nicht so, und dementsprechend müssen im letzteren Falle die Begriffe sehr sorgfältig umschrieben werden. Im Prinzip ist zu sagen, dass bei technisch-wirtschaftlichen Berechnungen alle finanziellen Tätigkeiten, die mit einem bestimmten technischen Geschehen zusammenhängen, zu berücksichtigen sind. Sonstige finanzielle Tätigkeiten, die diesen Forderungen nicht entsprechen, gehen nicht in die Berechnung ein.

In Bild 3.1 ist eine Funktion $G = G(K)$ dargestellt. G ist der jährliche absolute Gewinn, entsprechend der in Abschn. 2.4 gegebenen Definition, und K ist das investierte Kapital. Der dargestellte Kurvenverlauf ist typisch: bei kleineren K-Werten ansteigend und nach einem Maximum fallend.

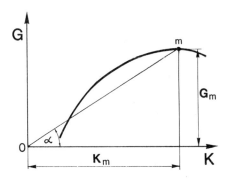

Bild 3.1: Allgemeine qualitative und typische Darstellung der Funktion G = G(K)

Ueber G und K machen wir - um allgemein zu bleiben - keine Voraussetzungen. Ein auf der Kurve liegender Punkt m symbolisiert den jährlichen absoluten Gewinn G_m, der bei einer Kapitalinvestition K_m zu erwarten ist. Das Verhältnis $\frac{G_m}{K_m}$ = R_m (vgl. Abschn. 3.3.4) ist die Rendite. Der Tangens des Winkels α, den die Verbindungslinie $\overline{0m}$ mit der Abszisse einschliesst, ist ein Mass für die Rendite tg α = R_m

Der Verlauf der G = G(K)-Kurve kann sowohl durch kommerzielle Belange (z.B. die Menge der erzeugten Produkte) als auch durch technische Lösungsmöglichkeiten (z.B. die Ausführungsart der erzeugten Produkte oder Wahl der Produktionsmittel) bestimmt sein. Wir wollen uns hier diesbezüglich nicht festlegen, obwohl bei den Problemen, die der Ingenieur zu bearbeiten hat, der kommerzielle Teil der oben mitspielt, wenn auch und die technischen Belange dominieren. Bei reellen Aufgabestellungen ist die Bewegungsfreiheit durch Grenzbedingungen festgelegt.

Die reelle Existenz einer G = G(K)-Funktion soll anhand eines Beispieles durch Analyse der Kapitalanlage, Erlöse und Kosten gezeigt werden.

Wir betrachten das Heizwerk einer Siedlung, das im wesentlichen aus den Komponenten: Grundstück, Gebäude und Heizkessel samt der zu ihm gehörenden Hilfseinrichtungen besteht. Das Heizwerk soll jährlich eine vorgegebene Wärmemenge zu vereinbarten Bedingungen (Temperatur, Zeitpunkt der Uebernahme) an die Siedlung liefern, wofür ein festgelegter Erlös zu entrichten ist. Alle Auslegungsbedingungen sind festgelegt, nur die Wärmeübertragungsfläche des Kessels F kann verschieden gross ausgelegt werden. Eine grössere Fläche bedingt mehr Kapital; dafür ist die Ausnützung des Brennstoffes, der Wirkungsgrad besser, entsprechenderweise der Brennstoffverbrauch kleiner und umgekehrt.

Folgende Beträge sind zu berücksichtigen:

- Kapital für Grundstück, Gebäude und sonstige fixe Einrichtungen; K_1 = konst.;

- Kapital für den Kessel. Mit zunehmender Fläche F wächst der Kapitalbedarf K_2. Der Einfachheit halber machen wir einen linearen Ansatz: K_2 = K(F) = $Y_F F$ (Y_F = Preis der Flächeneinheit = konstant). Der jährliche Anteil der Kapitalkosten beträgt mit dem Tilgungsfaktor ψ: ψK_1, resp. ψK_2.

- Wir nehmen an, dass die jährlichen Kosten für den Brennstoff mit wachsender Fläche kleiner werden, also B mit $\frac{1}{F}$ proportional ist, und mit C konstant, schreiben wir:

$$B = B(F) = \frac{C}{F} = \frac{Y_F C}{K_2} \qquad (3.1)$$

- Der jährliche Erlös E ist voraussetzungsmässig konstant. Somit schreibt man für den Gewinn = Erlös - Aufwendungen.

$$G = E - \left[\psi (K_1 + K_2) + B\right] = E - \psi K_1 - \psi K_2 - \frac{Y_F C}{K_2} \qquad (3.2)$$

und für das investierte Kapital

$$K = K_1 + K_2$$

Wir eliminieren aus den 2 Gleichungen K_2 und erhalten:

$$G = E - \left(\psi K + \frac{Y_F C}{K - K_1}\right) \qquad (3.3)$$

Die Variable ist K.

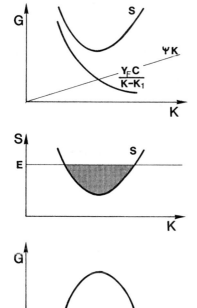

Bild 3.2

Das Zustandekommen der Funktion G = G(K)
Im oberen Teil der Bild 3.2 sind die
Absolutwerte von ψK und $\dfrac{Y_F \, C}{K - K_1}$ der
Funktion G (K) aufgetragen. Deren Summe ist
die mit S bezeichnete Kurve. Im mittleren Teil
der Abbildung sind der Erlös E und die S-Kurve
eingezeichnet. Die Differenz E - S gibt den
Gewinn an (vertikale Schraffierung), der im
unteren Teil des Bildes in Funktion des
investierten Kapitals dargestellt ist.

Auf zwei wesentliche Merkmale sei hingewiesen:
- Die Gewinnkurve geht nicht durch den Nullpunkt.
- Nach einem aufsteigenden Ast wird der Gewinn wieder kleiner, die Kurve hat also ein Maximum.

3.3 Herleitung der Wirtschaftlichkeitskriterien

3.3.1 Vorbereitende Ueberlegungen

Die verschiedenen wirtschaftlichen Kriterien werden anhand einer Gewinn-Kapital-Kurve:
G = G(K) erörtert.

Um leichter rechnen zu können und um die Anschaulichkeit zu fördern, bedienen wir uns eines
mathematischen Modells, das zunächst keinen technisch-wirtschaftlichen Hintergrund hat.

42

Voraussetzungen sind: konstante Produktion, konstanter Erlös. Der jährliche Gewinn ändert sich nur bei Aenderung der Betriebskosten: Rohstoff, Brennstoff, Löhne usw.

Die in Bild 3.3 dargestellte Kurve entspricht der willkürlich gewählten, jedoch für die Erklärungen sehr gut geeigneten Funktion:

$$G.10^3 = -1.25 \ K^2 + 150 \ K - 1000 \qquad (3.4)$$

Die Geldeinheiten sind auf der Abszisse und der Ordinate beliebig. Wählt man z.B. als Geldeinheit (GE) Fr 1'000.--, dann ist bei einer Investition von Fr 40'000.-- ein jährlicher absoluter Gewinn von Fr 3'000.-- zu erwarten.

In der unteren Bildhälfte ist die Rendite R in Funktion des investierten Kapitals aufgetragen. Sie ist durch Division der Ordinaten durch die zugehörigen Abszisse gebildet.

$$R = \frac{G}{K} \qquad (3.5)$$

Wir erinnern an Bild 3.1 in Abschn. 3.2, gemäss welcher $tg\alpha = R$ ist.

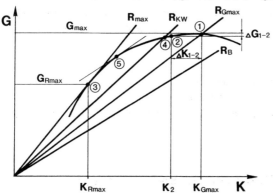

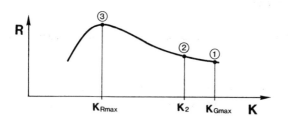

Bild 3.3.
Schematische Darstellung zwischen Kapital und Gewinn zur Erklärung der verschiedenen Kriterien

3.3.2 Maximaler absoluter jährlicher Gewinn: Kriterium 1

Es ist naheliegend, den maximalen absoluten jährlichen Gewinn als wirtschaftliches Kriterium zu postulieren. In Bild 3.3 ist dieser Höchstwert durch Punkt 1 dargestellt.

Der zu definierende analytische Ausdruck lautet:

$$\frac{d\,G}{d\,K} = 0 \qquad (3.6)$$

Die durch diese Gleichung bestimmten Koordinaten sollen mit G_{max} bzw. K_{max} bezeichnet werden. Die Rendite, die man in diesem Fall erzielt, beträgt:

$$R_{G_{max}} = \frac{G_{max}}{K_{max}} \qquad (3.7)$$

Zu bedenken ist indessen, dass die Rendite der "letzten" Investitionstranche unbefriedigend ist. Hätte man nämlich nur das Kapital K_2 investiert, gemäss Punkt 2, das entsprechenderweise den Gewinn G_2 abgeworfen hätte, so stellt man fest, dass der Kapitalanteil $\Delta K = K_{max} - K_2$ nur den Gewinn $\Delta G = G_{max} - G_2$ gebracht hätte. Somit wäre die Rendite der "letzten Tranche" kleiner als diejenige der gesamten Investition und würde nur betragen:

$$R_{2\text{-}1} = \frac{\Delta G}{\Delta K} < R_{G_{max}}$$

und es folgt auch, dass die Rendite für den Punkt 2 grösser ist als für den Punkt 1, nämlich:

$$R_2 = \frac{G_2}{K_2} > R_{G_{max}}$$

Die Frage stellt sich, und es handelt sich um eine Ermessensfrage: Lohnt es sich, bis zu K_{max} zu investieren, weil die Rendite der letzten investierten Kapitaltranche ungünstig ist? Eine relativ kleine Linksverschiebung auf der G-Kurve erhöht die Rendite.

Diese Aussage soll noch mit Zahlenwerten, die der Kurve in Bild 3.3 entsprechen, veranschaulicht werden, wobei als Rechengrösse GE, Geldeinheit, angewendet wird:

$$G_{max} = 3,5\ GE \quad bei\ K_{max} = 60\ GE$$

Es folgt
$$R_{G_{max}} = \frac{3.5}{60} = 5,83\ \%$$

Setzt man - zunächst willkürlich - $\Delta K = 10$ und liest bei $K_2 = 50$ GE den Gewinn ab:

$$G_2 = 3,375 \text{ GE, so ist } R = \frac{3.375}{50} = 6,75 \%$$

also bedeutend höher als bei K_{max}. Gleichzeitig sieht man auch, dass die Investitionstranche von 50 auf 60 GE nur einen Gewinn von 0,125 GE bringt. Die Rendite dieser Tranche ist also nur

$$R_{2-1} = \frac{0.125}{10} = 1,25 \%$$

Nun stellt sich natürlich die Frage, wohin man den Arbeitspunkt verlegen sollte.

Um diese Frage besser in den Griff zu bekommen, zeigen wir den Zusammenhang zwischen Gewinnverzicht und Kapitaleinsparung.

Sei der in Kauf genommene Gewinnausfall

$$\Delta G = G_{max} - G_2 = G(K_{max}) - G(K_{max} - \Delta K) \qquad (3.8)$$

Dabei wird das Kapital $\Delta K = K_{max} - K_2$ erspart.

Wir bezeichnen den relativen Gewinnverlust mit

$$\alpha = \frac{\Delta G}{G_{max}} = \frac{G(K_{max}) - G(K_{max} - \Delta K)}{G(K_{max})}$$

Nach der Taylor-Entwicklung ist für nicht allzu grosse Differenzen von K

$$G(K_{max} - \Delta K) = G(K_{max}) - \frac{\Delta K}{1} G'(K_{max}) + \frac{\Delta K^2}{2} G''(K_{max}) \pm \ldots$$

Da $G'(K_{max}) = 0$ ist, wird

$$\alpha \approx 1 - \frac{G(K_{max}) + \frac{\Delta K^2}{2} G''(K_{max})}{G(K_{max})}$$

oder mit der Gl. 3.8 wird

$$\Delta K = \sqrt{\frac{2\alpha \ \Delta G}{\left[-G''(K_{max})\right]}} \qquad (3.9)$$

Zu bemerken ist, dass $G''(K_{max}) < 0$ ist.

Zahlenbeispiel mit Daten der Bild 3.3:

$$G''(K_{max}) = -\frac{2.5}{1000} \quad \text{und} \quad G(K_{max}) = 3.5$$

Somit ergibt die Formel (3.9): $\quad \Delta K = 52.9 \ \sqrt{\alpha}$

für $\alpha = 5\%$ ist $\Delta K = 11.83$ GE

für $\alpha = 10\%$ ist $\Delta K = 16,73$ GE

Man sieht, dass bedeutende Kapitaleinsparungen sich auf den Gewinn nur bescheiden auswirken. Dennoch bleibt es eine Ermessensfrage, wohin man den Arbeitspunkt legen soll. Wir machen hierüber in Abschn. 3.4 Vorschläge.

3.3.3 Minimale Gestehungskosten, Aufwendungen: Kriterium 2

Wenn bei den Wirtschaftlichkeitsbetrachtungen der Erlös nicht berücksichtigt werden soll oder kann - weil man ihn nicht kennt oder weil er konstant ist -, dann reduziert sich das Wirtschaftlichkeitskriterium - max. absoluter Gewinn - auf die Forderung: die Gestehungskosten oder anders gesagt die Aufwendungen, sollen minimal sein. Dabei müssen natürlich die Randbedingungen (Kapazität, Güte der Produkte usw.) fest vorgegeben und erfüllt sein.

Die Optimierung nach diesem Kriterium ist weniger aufwendig; man benötigt keine Aussagen über den immer einigermassen schwer zu bestimmenden Erlös. Ausserdem entfällt die Zeitbegrenzung.

Einige der wichtigsten Gebiete, für welche die Wirtschaftlichkeitsbedingung mit dem Kriterium "minimale Gestehungskosten" durchzuführen ist:

- Herstellung von Massenprodukion oder Produkte auf Lager, wobei die Berechnungen sowohl auf die Produktionsmittel (Arbeitsmaschinen, deren Automatisierungsgrad usw.) als auch für das Produkt selber durchgeführt werden sollen (Beispiel: Armbanduhr);

- Produkte auf Lager, wobei die Erzeugungskosten (Rohstoffkosten, Energieverbrauch, Löhne usw.) zu minimalisieren sind (Beispiele: Elektromotoren, Pumpen);

- Einzelprodukte, die unter vorgegebenen Betriebsbedingungen eingesetzt werden sollen (Beispiel: Wärmetauscher für gegebene Randbedingungen);

- Komponente(n) einer Anlage, die in den Betrieb integriert werden soll(en), um die Betriebskosten der Anlage zu senken, soweit diese von der in Frage stehenden Komponente abhängen (Beispiel: Kondensator in einem thermischen Kraftwerk);

Für die Berechnung summiert man die massgebenden Aufwendungen A in Funktion des investierten Kapitals und sucht jenen Kapitalwert, der die Funktion zu einem Minimum macht. Die mathematische Bedingung lautet:

$$\frac{d\,A}{d\,K} = 0 \qquad\qquad (3.10)$$

Die Ermittlung der Aufwendungen wird je nach der Art des Problems unterschiedliche Ueberlegungen benötigen. Entsprechend den oben angeführten verschiedenartigen Problemstellungen können sich die Aufwendungen auf die Produktionsmittel, auf das Endprodukt oder auch auf die gesamte Anlage beziehen. In Abschn. 4 werden entsprechende Beispiele gegeben.

3.3.4 Maximale Rendite: Kriterium 3

In Bild 3.3 ist die Bankrendite - so wie sie in Abschn. 2.4.2 beschrieben ist - eingetragen. Zahlenmässig nehmen wir 4 % an. Die dem Unternehmer zustehende Rendite soll $R_b + \Delta R = R_u$, entsprechend dem in Abschn. 2.4.5.1 aufgeführten Gedanken, 7 % betragen. Sie ist mit der entsprechenden Linie in der Figur dargestellt. Die höchste erreichbare Rendite ist durch die Gerade gekennzeichnet, die durch den Nullpunkt geht und eine Tangente zur G-K-Kurve ist. Sie ist in Bild 3.3 mit R_{max} bezeichnet. Die mathematische Definition der maximalen Rendite lautet:

$$\frac{G}{K} = \frac{d\,G}{d\,K} \qquad\qquad (3.11)$$

Für die als Beispiel angeführte Gleichung 3.4 lautet diese Bedingung:

$$\frac{10^{-3}}{K}\left(-1.25K^2 + 150K - 1000\right) = 10^{-3}(-2.5K + 150)$$

Nach Kürzung und Umformung erhält man:

$$K_{R_{max}} = 28.28 \text{ GE}$$

Die dazugehörige Ordinate beträgt: $G = 2,242$ GE. Der Punkt ist in Bild 3.3 mit 3 bezeichnet.

Man erhält: $R_{max} = 7,93$ %

Es ist eine bedeutend höhere Rendite als jene, die zu G_{max} gehört, anderseits ist der jährliche absolute Gewinn wesentlich kleiner, nämlich nur 2,24 GE statt 3,5 GE.

3.3.5 Maximaler absoluter Gewinn bei zugesicherter Mindestrendite: Kriterium 4

Als Kompromiss zwischen den zwei Extremen, nämlich maximaler absoluter Gewinn und maximale Rendite, kann der Vorschlag sinnvoll sein: es soll eine Mindestrendite für das gesamte investierte Kapital zugesichert werden, und innerhalb dieser Bedingung soll der absolute Gewinn maximal sein. Wenn man in Bild 3.3 den Strahl zieht, der der Unternehmerrendite R_u entspricht (in unserem Beispiel 7 %), so schneidet dieser die $G = G(K)$-Kurve, der Schnittpunkt ist in Bild 3.3 mit 4 bezeichnet und entspricht den gestellten Bedingungen.

Die mathematische Formulierung des Kriteriums lautet:
Gesucht werden die G und K Werte, welche die folgenden beiden Gleichungen befriedigen:

$$G = G(K) \text{ und} \qquad (3.12)$$
$$G = R_u K$$

Statt den beiden Gleichungen kann man auch schreiben:

$$G(K) = R_u K \qquad (3.12.1)$$

Bei unserem Zahlenbeispiel mit R_u = 7 %, erhält man K = 46,97 GE, G = 3,29 GE. Man sieht: die Rendite ist nicht schlecht, und der absolute jährliche Gewinn ist nur um wenig kleiner, nämlich um 6 % als der Maximalwert bei Pkt. 1.

3.3.6 Maximaler absoluter Gewinn mit der Nebenbedingung: Mindest-Bankrendite für die letzte investierte Geldeinheit: Kriterium 5

Bei einer weiteren Kompromisslösung kann man verlangen, dass die letzte investierte Kapitaltranche eine Mindestrendite, nämlich die Bankrendite, erbringen soll. Geometrisch lässt sich dieses Kriterium durch eine zur G-K-Kurve gezogene Tangente, die eine der Bankenrendite entsprechende Neigung hat, darstellen. Anders ausgedrückt, eine zur R_b -Richtung parallel gerichtete Tangente muss an die Kurve gelegt werden.

Der mathematische Ausdruck der Bedingung lautet:

$$\frac{d\,G}{d\,K} = R_b \qquad (3.13)$$

Zahlenbeispiel: In Bild 3.3 ist die Bankrendite mit 4 % angenommen, so lässt sich schreiben:

$$\frac{d\,G}{d\,K} = 10^{-3}\,(-2,5\,K + 150) = 0,04$$

Daraus berechnet man: K = 4 4 GE
G = 3,18 GE

Die Gesamtrendite ist dementsprechend 7,23 %. Dieser Fall ist in Bild 3.3 durch den Pkt. 5 dargestellt.

3.3.7 Kürzester Rückfluss des investierten Kapitals: Kriterium 6
(Shortest Return of Investment ROI)

Wir gehen auf dieses Kriterium kurz ein, weil man es in der Literatur oft vorfindet und zwar in der Form:

$$ROI = \frac{Gewinn}{Umsatz} \;\times\; \frac{Umsatz}{inv.\ Kapital}$$

Man nennt den ersten Bruch Umsatzerfolg, den zweiten Umschlag des investierten Kapitals.

Es erübrigt sich aber, dieses Kriterium weiter zu behandeln; denn es ist sofort erkennbar, dass es mit Kriterium 1, d.h. mit dem Postulat nach maximalem jährlichen Gewinn, identisch ist. Es ist klar, dass das investierte Kapital umso schneller zurückbezahlt wird, je grösser der Jahresgewinn ist.

3.4 Kritik und Vergleich der Kriterien

In den vorangehenden Abschnitten sind 6 Kriterien vorgeschlagen und definiert worden. Weitere Kriterien sind denkbar, auf die wir aber nicht eingehen.

Wir hatten uns schon in Abschn. 2.5.3 darüber Gedanken gemacht, für wen die Optimierung auszuführen ist, und haben gesehen, dass diese Frage je nach den Umständen verschiedenartig beantwortet werden kann. Aehnlich ist es mit der Frage: Wer bestimmt das Kriterium, nach welchem ausgelegt werden soll?

Handelt es sich um einen konkreten Fall: Bau einer Anlage (Fabrik, Kraftwerk), so wird der Unternehmer das letzte Wort haben und das Kriterium bestimmen. Dabei ist es durchaus möglich, dass verschiedene Unternehmer nicht dasselbe Kriterium verlangen. Zu beachten ist auch, dass der Unternehmer seine Wirtschaftlichkeitsüberlegungen für sein gesamtes Unternehmen macht, und somit werden in die Berechnungen Wirtschaftsfaktoren miteinbezogen, auf die der Hersteller keinen Einfluss hat.

Geht es um Studien, prinzipielle Berechnungen, Auslegung von Systemen oder wird ein Produkt auf Lager erzeugt, dann muss der Hersteller selber das Kriterium wählen. Er wird in diesem Fall meistens das Kriterium 2: minimale Gestehungskosten wählen, zumal über die Erträge nichts bekannt ist.

Von den 6 behandelten Kriterien hat das Kriterium 2, minimale Gestehungskosten, Sonderstellung; das Kriterium 6 ist, wie gesagt, identisch mit Kriterium 1; unmittelbar vergleichbar sind also die Kriterien 1, 3, 4 und 5.

Das Kriterium 2, minimale Gestehungskosten, ist insofern bemerkenswert, als bei diesem und nur bei diesem, der Erlös nicht in die Berechnung eingeht. Das bringt eine sehr bedeutende Vereinfachung der Berechnungen, und der Ingenieur kann, ohne weitere Informationen zu suchen, seine Probleme lösen. Allerdings muss bei einem eventuellen nachträglichen Kundenwunsch eine Kontrolle durchgeführt werden.

Die 4 Kriterien, nämlich:

Krit. 1: Maximaler absoluter jährlicher Gewinn
" 3: Maximale Rendite
" 4: Maximaler absoluter Gewinn bei zugesicherter Mindestrendite
" 5: Maximaler absoluter Gewinn, mit der Nebenbedingung: Mindest-Bankrendite für die letzte investierte Geldeinheit

sind in Bild 3.3 geometrisch symbolisiert. Die zu den einzelnen Kriterien gehörenden Zahlenwerte enthält Tabelle 3.1.

Kriterium	K [GE]	G [GE]	R [%]	ΔK [GE]	ΔG [GE]	ΔR [%]	$\dfrac{\Delta K}{K_1}$ [%]	$\dfrac{\Delta G}{G_1}$ [%]
1	60,0	3,50	5,83	0	0	2,1	0	0
3	28,3	2,24	7,93	-31,7	-1,26	0	-53,0	-36,0
4	47,0	3,29	7,0	-13,0	-0,21	-0,93	-21,6	-6,0
5	44,0	3,19	7,23	-16,0	-0,31	-0,70	-26,6	-8,8

Tabelle 3.1: Zahlenwert nach verschiedenen Kriterien. Die ΔK und ΔG sind Differenzen gegenüber Kriterium 1, und ΔR sind Differenzen gegenüber Kriterium 3.

Welches man von den Kriterien wählt, ist ganz und gar subjektiv und dem Zuständigen überlassen. Immerhin scheinen die Extreme, Krit. 1 und Krit. 3, weniger attraktiv zu sein; denn das Krit. 1 bringt nur schwache Rendite, nämlich um 2,1 % weniger als das Maximum. Bei Krit. 3 ist der absolute Gewinn um 36 % kleiner als bei Krit. 1. Vorteilhaft scheinen eher die Kriterien 4 oder 5 - vorzugsweise sogar eher 5 - zu sein: der Verlust am absoluten Gewinn beträgt nur 6, bzw. 8,8 %. Die Ersparnis beim investierten Kapital ist gegenüber demjenigen, was Kriterium 1 verlangt, bedeutend: 21,6 bzw. 26,6 %, und die absolute Einbusse bei der Rendite beträgt nur 0,93 bzw. 0,70 % .

3.5 Optimierung durch Erfüllung eines Wirtschaftlichkeitskriteriums

In Abschn. 2.4.5 ist bereits gesagt worden, dass die Optimierung gleichbedeutend ist mit der Erfüllung eines vorgegebenen Wirtschaftlichkeitskriteriums. Der erste Schritt besteht demnach darin, sich für ein Wirtschaftlichkeitskriterium zu entscheiden.

Steht dieses fest, so müssen alle technisch-physikalischen Zusammenhänge, die für die Behandlung der Problematik (Konstruktion, System, Anlage usw.) relevant sind, ermittelt werden. Nachfolgend eliminiert man aus den Gleichungen möglichst viele der variablen Grössen und stellt dann die Funktion für den Jahresgewinn auf. Dazu müssen natürlich die Preise der Rohstoffe, die Kapitalkosten der Energie sowie auch Erträge bekannt sein. Meistens wird man sie schätzen müssen.

Enthält die Gewinnfunktion nur noch eine unbestimmte Grösse (Variable), so muss die Funktion jenen Operationen unterworfen werden, die der mathematische Ausdruck des gewählten Kriteriums verlangt (eine der Gleichungen 3.6, 3.10, 3.11, 3.12 oder 3.13). Mit dem so entstandenen neuen Zusammenhang kann die noch unbekannte Variable bestimmt werden.

Enthält die Gewinnfunktion mehr als eine Variable, so muss man die Operationen wiederholt mit partiellen Ableitungen durchführen; sie sind nach jeder einzelnen Variablen zu bilden. Auf diese Weise erhält man genügend Gleichungen, um das Problem eindeutig lösen zu können. Die Problematik liegt etwas anders, wenn es um eine abgeschlossene Einheit geht (ein Produkt, ein System) oder wenn es zu einem bestehenden System - sei es nur eine fertig geplante oder berechnete Anlage - eine Ergänzung zu machen ist. Als Beispiel: Bei einem fertig geplanten Kraftwerk steht der Einbau eines Kondensators offen, und es geht um dessen Auswirkung auf den gesamten Betrieb.

3.6 Sensibilitätsanalyse

Die meisten Probleme der Wirtschaftlichkeit sind zukunftsgerichtet, demzufolge gibt es zahlreiche für das Resultat relevante Bestimmungsgrössen, die geschätzt werden müssen. Die Schätzung ist besonders bei langfristiger Planung schwierig, und es versteht sich, dass die geschätzten Zahlenwerte mit mehr oder minder grossen Fehlern behaftet sind. Nun stellt sich die Frage, in welchem Ausmasse sich diese Fehler auf das Resultat auswirken. In einem Extrem kann ihr Einfluss vernachlässigbar sein, und eine grobe Schätzung ist zulässig. Im anderen

Extremfall hängt das Resultat sehr empfindlich von der Schätzgenauigkeit ab; ein kleiner Schätzfehler kann sogar das Vorhaben unbrauchbar machen. Die Sensibilitätsanalyse bezweckt, quantitative Aussagen zu machen über den Einfluss der bei der Schätzung gemachten Fehler auf das Resultat.

Das Verfahren besteht im wesentlichen darin, dass in der Grundgleichung alles stehen bleibt, und nur die fragliche geschätzte Grösse variiert wird und so ihr Einfluss auf das Resultat erkennbar wird.

Bei einfacheren Problemen, bei denen die Zusammenhänge analytisch erfassbar sind, können die Auswirkungen der Fehler nach klassischen mathematischen Methoden, am Tisch berechnet werden. Für nicht zu grosse Bereiche genügt es, die partielle Ableitung der Zielfunktion nach dem fraglichen geschätzten Parameter zu bilden. Muss man weitere Bereiche ins Auge fassen, so muss die Analyse bis zu den Extremwerten des Bereiches durchgeführt werden.

Meistens sind aber die Probleme sehr komplex, die Zusammenhänge nicht ohne weiteres ersichtlich, so dass man zum Computer Zuflucht nehmen muss, und dies umso mehr, als ja die Lösung der gestellten Problematik zwangsmässig ohnehin nur mit einem Computerprogramm zu lösen ist. Wir verweisen als Beispiel auf das in Abschnitt 4.6 beschriebene Problem: Ausbau eines elektrischen Versorgungsnetzes. Zu dessen Lösung mussten für die kommenden Jahre u.a. die erwarteten Engpassleistungen, die vom Netz verlangte elektrische Arbeit, die Brennstoffpreise geschätzt werden. Die Auswirkung der Schätzfehler auf das Resultat kann nur ermittelt werden, indem man die Eingabedaten um den Schätzwert herum variiert. Man wird erkennen können, dass das Resultat für Fehler mancher geschätzten Grössen unempfindlich ist und dass der Einfluss bei andern wiederum sehr gross ist. Aufgrund dieser Erkenntnisse kann man sich dann Rechenschaft darüber ablegen, wieweit die berechneten Resultate glaubwürdig und brauchbar sind, und man wird bei den Auslegungen dementsprechend vorgehen.

3.7   Paritätsfaktoren

3.7.1   Sinn der Paritätsfaktoren

Wie schon in Abschn. 2.4.6 beschrieben, hat sich für die Behandlung jener Wirtschaftlichkeitsprobleme, bei deren Lösung eine Leistung (im klassischen physikalischen Sinn, also Arbeit/Zeit) mitbestimmend ist, die Einführung von Paritätsfaktoren als sehr zweckdienlich erwiesen. Insbesondere sind sie bei der Auslegung und Berechnung von

Elektrizitätswerken - die eine Primärenergie in elektrische Energie umwandeln - sehr nützlich.*)

Die Paritätsfaktoren geben - wie auch schon die Benennung andeutet - eine Parität an, und zwar zwischen einer Leistung und einem Kapital (Dimension, beispielsweise: Fr/kW). Letzteres ist ein investiertes Kapital, das für die zur Diskussion stehende Leistung relevant ist; die Leistung ihrerseits ist meistens eine elektrische Leistung oder auch eine Wärmeleistung. Manchmal wird die Wendung gebraucht: Kapitalisierung einer Leistung.

Es sei ausdrücklich darauf hingewiesen, dass die hier besprochenen Paritätsfaktoren für Aenderungen (Variationen) innerhalb eines Kraftwerkes gelten und zwar für nicht allzu grosse Abweichungen. Man darf die Paritätsfaktoren keinesfalls mit den spezifischen Investitionskosten eines Kraftwerkes $k = K/B$ identifizieren. K bedeutet das gesamte investierte Kapital und B die maximal verfügbare Leistung.

Die Postulierung von Paritätsfaktoren ist aufgekommen, weil bei der mathematischen Behandlung von Problemen der Kraftwerke in den Gleichungen begrifflich heterogene Bestimmungsgrössen vorkommen, z.b. Kapital und Leistung, Wirkungsgrad und Mehrpreis usw. Es stellen sich Fragen: Wie wägt man eine Wirkungsgradverbesserung gegenüber einem Mehrpreis ab; lohnt es sich, den Mehrpreis aufzubringen, oder mit mehr Umsicht formuliert: unter welchen Umständen ist der Mehrpreis wirtschaftlich gerechtfertigt? Die Paritätsfaktoren verhelfen zur sinnvollen Beantwortung dieser Fragen, zum dimensionsrichtigen Rechnen, und man kann dank ihnen die Auswirkungen thermodynamischer Massnahmen mit einem Kapital unmittelbar in Relation stellen.

Es hat sich als zweckmässig erwiesen, für die Berechnungen bezüglich der Kraftwerke zwei Paritätsfaktoren zu postulieren, nämlich für die Bewertung:

-   der Leistungsdifferenz, die als Folge von Aenderungen des spezifischen Wärmeverbrauches (oder Wirkungsgrades) von Kraftwerken entsteht, und

---

*) In der Umgangssprache haben sich die kurzen Ausdrücke: "Kraftwerk" und "Energieerzeugung" eingebürgert, obwohl es korrekterweise "Elektrizitätswerk" und "Umwandlung einer Primärenergie in elektrische Arbeit (Energie)" heissen sollte. Wenn es nicht zu Missverständnissen führt, werden wir von den umgangssprachlichen, einfacheren, kürzeren Ausdrücken Gebrauch machen.

- der Differenz der maximal erzeugbaren elektrischen Leistung von Kraftwerken, die als Folge einer Massnahme bei konstantem Wärmeverbrauch entsteht.

Die folgenden Betrachtungen beruhen auf der Analyse des jährlichen Aufwandes, der für die Erzeugung der elektrischen Energie notwendig ist. Der Aufwand setzt sich im wesentlichen aus Kapital- und Brennstoffkosten zusammen. Weitere Aufwendungen wie Löhne, Steuern, Versicherungsprämien etc. werden in die Formeln nicht eingeführt, sie hängen in der Regel wenig von der Auslegung des Kraftwerkes ab und entfallen ausserdem bei den Differenzbildungen. Bei Sonderaufgaben, wie z.b. Automatisierung, müssen Löhne berücksichtigt werden.

Die Idee der Paritätsfaktoren stammt von Dr. C. Seippel, der sie bereits 1950 in einem umfassenden Artikel über Dampfkraftanlagen postuliert hat.

3.7.2 Paritätsfaktor ä für Wärmeverbrauchsänderungen
(kurz: Wärmeverbrauchsparität).

Grundlage der Betrachtungen ist ein Basiskraftwerk und eine beliebige Variante davon. Die maximale erzeugbare Leistung des Kraftwerkes, in der Folge kurz als Klemmenleistung P bezeichnet, soll für beide Fälle gleich und konstant sein.

Die Variante entsteht durch eine Massnahme, die eine Aenderung des spezifischen Wärmeverbrauches w zur Folge hat und die einen Kapitalaufwand ΔK benötigt. Die Massnahme wird in engen Grenzen gehalten, so dass mit linearen Zusammenhängen gerechnet werden darf. Statt mit w kann man auch mit dem Wirkungsgrad η operieren.

Berechnet werden die Aenderungen der jährlichen Brennstoffkosten (Ersparnisse), wenn sich w durch die getroffene Massnahme auf w - Δw ändert (kleiner wird, d.h. sich verbessert).

Bei dem Basiskraftwerk betragen die jährlichen Brennstoffkosten:

$$Y_B = h\, y_B\, w\, P$$

mit h die auf die Klemmenleistung bezogene jährliche Benützungsdauer

    y_B Preis der Energieeinheit im Brennstoff

    w spez. Wärmeverbrauch vom Brennstoff bis Klemme (gemittelter Wert über das Jahr)

Bei der Variante betragen die Brennstoffkosten:

$$Y_B' = h\, y_B\, (w - \Delta w)\, P$$

Die jährliche Ersparnis ist bei der Variante gegenüber dem Basiskraftwerk:

$$Y_B - Y_B' = \Delta Y_B = h\, y_B\, \Delta w\, P$$

Die jährliche Kostendifferenz durch den Tilgungsfaktor ψ dividiert (vgl. Abschn. 2.1.14) geben den Kapitalwert Y_{BK} auf den Tag der Inbetriebsetzung an.

$$\Delta Y_{BK} = \frac{\Delta Y_B}{\psi} = \frac{h\, y_B\, \Delta w}{\psi}\, P$$

Der finanzielle Erfolg der Massnahme ist durch die Bildung des gesamten Aufwandes ΔA zu erfassen:

$$\Delta A = \Delta K - \Delta Y_{BK} = \Delta K - \frac{h\, y_B\, \Delta w}{\psi}\, P \qquad (3.14)$$

Die Kosteneinsparung am Brennstoff erscheint in der Gleichung des Aufwandes mit negativem Vorzeichen. Die zur Diskussion stehende Massnahme ist natürlich wirtschaftlich nur dann sinnvoll, wenn $\Delta A < 0$ ist, d.h. die Ersparnisse übertreffen den Kapitalaufwand.

Die Formel (3.14) wird zweckmässigerweise durch Einführung des Wärmeverbrauches w erweitert:

$$\Delta A = \Delta K - \frac{h\, y_B\, w}{\psi}\, \frac{\Delta w}{w}\, P$$

Man kann statt dem Wärmeverbrauch den Wirkungsgrad einführen.

Wir definieren den Ausdruck:

$$\frac{h\, y_B\, w}{\psi} \equiv \frac{h\, y_B}{\psi\, \eta} \equiv \bar{a} \qquad (3.15)$$

und nennen ihn den Paritätsfaktor für Wärmverbrauchsänderungen (kurz Wärmeverbrauchsparität). Er ist die auf die Leistungseinheit bezogene kapitalisierte

Kostendifferenz des Brennstoffes (Gegenwert der Brennstoffersparnisse) als Folge der Aenderung des Wärmeverbrauches.

Mit der Einführung von ã wird die Gleichung (3.14) zu:

$$\Delta A = \Delta K - ã \frac{\Delta w}{w} P \qquad (3.16)$$

Die Bezugsleistung

$$\frac{\Delta w}{w} P = \Delta P$$

bedingt durch die Wärmverbrauchsänderung, ist bei konstanter Klemmenleistung virtuell, bei konstanter Wärmezufuhr aber eine effektive Leistungsdifferenz an den Klemmen. Mit anderen Worten: ΔP ist eine effektive Mehrleistung des modifizierten Kraftwerkes, wenn man ihm die gleiche Wärmemenge zuführt, die das Basiskraftwerk vor der Modifizierung erhalten hatte.

In der Tat: Führt man dem Basiskraftwerk die Wärmeleistung Q zu, dann gilt:

$$P = \frac{Q}{w}$$

und für die Variante ist zu schreiben:

$$P + \Delta P = \frac{Q}{w - \Delta w}$$

Die Differenz ist:

$$\Delta P = Q \left(\frac{1}{w - \Delta w} - \frac{1}{w} \right) = P w \frac{\Delta w}{(w - \Delta w) \, w}$$

oder

$$\Delta P = P \frac{\Delta w}{w - \Delta w} \approx P \frac{\Delta w}{w}$$

weil $\Delta w \ll w$ ist.

Somit ist auch der allgemeine Charakter von ã belegt: er lässt sich für ganze Anlagen in beiden Fällen, d.h. bei konstantem P und konstantem w anwenden. Im erweiterten Sinn gelten diese Ueberlegungen auch für Kraftwerkkomponenten.

Viel Umsicht ist für die Festlegung der Werte h und ψ erforderlich. Besonders soll die Einsatzweise des Kraftwerkes während der ganzen Benützungsdauer berücksichtigt werden. Erfahrungsgemäss ist die Ausnützung der Kraftwerke mit zunehmendem Alter degressiv. Bei Komponenten wird man mitunter kürzere Tilgungszeiten vorsehen.

Mit dem Paritätsfaktor ã gelangt man zum einfachen Ausdruck

$$\Delta A = \Delta K - \tilde{a}\frac{\Delta w}{w}P = \Delta K - \tilde{a}\Delta P \qquad (3.17)$$

Untersucht man die wirtschaftlichen Auswirkungen einer Massnahme, so ist das Vorzeichen des resultierenden ΔA entscheidend. Ein positives Vorzeichen bedeutet Mehraufwendungen, also ist das Vorhaben zu unterlassen; ein negatives weist auf Minderaufwendungen, folglich ist die Massnahme wirtschaftlich sinnvoll.

Zahlenbeispiel:

Ein konzipiertes Kraftwerk hat die vorgeschriebene Nennleistung P_0, den Wärmeverbrauch w und einen Preis K. Durch eine Massnahme, die ΔK kostet, z.B. Vergrösserung der Kondensatorfläche, lässt sich der Wärmeverbrauch um Δw verbessern. Die Leistung soll unverändert bleiben. Wann ist die Durchführung der Massnahme sinnvoll?

Zur Berechnung werden folgende Zahlenwerte angenommen:

$$
\begin{aligned}
\tilde{a} &= 500 \ \text{Fr/kW} \\
\Delta K &= 120'000 \ \text{Fr} \\
\Delta w &= -0,01 \\
w &= 2,5 \\
P &= 100'000 \ \text{kW}
\end{aligned}
$$

Gemäss Gl. (3.16) ist

$$\Delta A = 120'000 - 500\frac{0.01}{2.5}100'000 = -80'000 \ \text{Fr}$$

Die Vergrösserung der Kondensatorfläche ist sinnvoll, nachdem $\Delta A < 0$ ist.

3.7.3 Paritätsfaktor $\tilde{b}$ für Leistungsänderungen
    (kurz: Leistungsparität)

Die maximale Klemmenleistung eines Kraftwerkes lässt sich durch verschiedene Massnahmen verändern. Der Anlagebetreiber wird meistens eine Leistungserhöhung über den von ihm ursprünglich festgelegten Wert anstreben. Leistungssteigerungen lassen sich bei unverändertem Wärmeverbrauch durch Lockerung einer technischen Begrenzung, durch Verbesserung des Wärmeverbrauchs oder auch durch eine Kombination dieser beiden erreichen. In allen Fällen müssen sämtliche Anlagekomponenten der Mehrleistung gewachsen sein.

Zum gleichen Problemkreis gehört die Entscheidung über den Wertunterschied von zwei Kraftwerken verschiedener Nennleistungen.

Wie eine Leistungsdifferenz ΔP oberhalb der ursprünglich gefragten Nennleistung zu bewerten ist, hängt von der Leistungsnachfrage ab. Bei einer Mehrleistung - meistens geht es um diesen Fall - ist deren Absatzmöglichkeit entscheidend. In einem Grenzfall kann die Mehrleistung mit der gleichen Benützungsdauer h wie die Nennleistung an das Netz abgegeben werden; im andern Grenzfall überhaupt nicht.

Zwischen diesen beiden Grenzen liegt der allgemeine Fall mit einer jährlichen Benutzungsdauer h*, während der die volle Leistungsdifferenz an das Netz abgegeben wird. Für die Ermittlung von h* sollen die Aussichten der Verwertung von ΔP während der Lebensdauer des Kraftwerkes erwogen werden.

Mit der Leistung ändert sich die erzeugte Energie. Daraus resultieren veränderte Brennstoffkosten und Einnahmen, die über den Verkaufspreis der Energieeinheit y_E in den Vergleich eingeführt werden müssen.

Wenn der Anlagebetreiber die Abschreibungszeit für die getroffene Massnahme kürzer ansetzt als für das gesamte Kraftwerk, soll der Tilgungsfaktor - abweichend vom vorigen Fall - hier mit ψ^* bezeichnet werden. Die übrigen Symbole ändern sich nicht.

Beim Vergleich von zwei Varianten, deren Nennleistungen und Kaufpreise verschieden sind, ergeben sich die Differenzen der Aufwendungen für ein Jahr - ohne Rücksicht auf den Wärmeverbrauch - nach der Beziehung:

$$\Delta A_j = \psi^* \, \Delta K + h^* \, y_B \, w \, \Delta P - h^* \, y_E \, \Delta P$$

Der letzte Posten ist eine Einnahme und erhält deswegen ein negatives Vorzeichen. Die kapitalisierte Form der Aufwendungen ist:

$$\Delta A = \frac{\Delta A_j}{\psi^*} = \Delta K - \frac{h^*}{\psi^*} (y_E - y_B \; w) \; \Delta P$$

Wir definieren den Ausdruck:

$$\frac{h^*}{\psi^*} (y_E - y_B \; w) \equiv \tilde{b} \qquad (3.18)$$

und bezeichnen ihn als Paritätsfaktor für erzeugte Mehrleistung (kurz Leistungsparität). Durch Einführung von $\tilde{b}$ erhält man den einfachen Ausdruck für die kapitalisierten Aufwendungen:

$$\Delta A - \Delta K \quad \tilde{b}\Delta P \qquad (3.19)$$

Mittels ΔA lässt sich entscheiden, ob eine vorgesehene Massnahme für eine Leistungsänderung wirtschaftlich sinnvoll ist oder nicht. Es gelten die gleichen Regeln wie für Gl. (3.l7).

Man könnte, um die Leistungsbewertung $\tilde{b}$ zu umgehen, die Kaufpreise der zwei Varianten auf dieselbe Leistung umrechnen. Dieses Verfahren ist jedoch weniger empfehlenswert, denn ΔP ist eine Realität, und man soll überlegen, ob und wieviel sie nützt. Immerhin ist bei der Abschätzung der den $\tilde{b}$-Wert bestimmenden Faktoren Vorsicht geboten. Auf keinen Fall darf $\tilde{b}$ den spezifischen Gestehungspreis des Kraftwerkes erreichen oder gar übersteigen. Die zusätzliche Leistung kann nur dann interessant sein, wenn sie billig ist. Oft wird die Hälfte bis ein Drittel des spezifischen Gestehungspreises angemessen sein. Ist für eine Mehrleistung kein Bedarf vorhanden, so wird der Kraftwerkbetreiber nicht bereit sein, für die nicht verwertbare Mehrleistung einen Aufpreis zu zahlen, und man muss $\tilde{b} = O$ setzen. Dann sollte aber eine geringe, zulässige Minderleistung auch nicht pönalisiert werden. Die Festsetzung von $\tilde{b}$ ist jedenfalls eine Ermessensfrage. Besitzt man genügend Unterlagen, so kann Formel (3.19) gute Dienste leisten.

Zahlenbeispiel:

Bei gleichem Wärmeverbrauch stehen zwei Varianten von 600 MW und 630 MW zur Wahl. Die Preisdifferenz pro kW Mehrleistung beträgt Fr 220.--. Somit ist

$$\Delta K = 30'000 \text{ (kW)} \cdot 220 \left(\frac{Fr}{kWh}\right) = 6{,}6 \cdot 10^6 \text{ Fr}$$

Die Daten für die Berechnung von $\tilde{b}$ sind:

$$h^* = 0{,}2 \quad \psi^* = 0{,}25 \quad y_E = 350 \frac{Fr}{kWa} \quad \left(\approx 0{.}04 \frac{Fr}{kWh}\right)$$

$$w = 2{,}5 \quad y_B = 40 \left(\frac{Fr}{kWh}\right)$$

Frage: Ist es wirtschaftlich sinnvoll, das grössere Kraftwerk zu bauen?

$$\tilde{b} = \frac{0{.}2}{0{.}25} (350 - 2{.}5 \cdot 40) = 200 \left(\frac{Fr}{kWh}\right)$$

$$\Delta A = 6{,}6 \cdot 10^6 - 200 \cdot 30'000 = 0{,}6 \cdot 10^6 \text{ Fr} > 0$$

Antwort: Nein, das Kraftwerk mit 600 MW ist günstiger.

3.7.4 Gleichzeitige Anwendung der Paritätsfaktoren ã und $\tilde{b}$

Wenn eine Massnahme, die ΔK kostet, sowohl eine Wärmeverbrauchsänderung Δw wie auch eine Leistungsänderung ΔP hervorruft, schreibt man durch Kombination der Gleichungen (3.17) und (3.19):

$$\Delta A = \Delta K - \left(\tilde{a} \frac{\Delta w}{w} P + \tilde{b} \Delta P\right) \qquad (3.20)$$

mit der gleichen Aussagefähigkeit wie bei den vorerwähnten Gleichungen.

Ist für beide Varianten die zugeführte Wärmemenge gleich, so besteht für diesen Spezialfall der Zusammenhang:

$$\frac{\Delta w}{w} P = \Delta P \qquad (3.21)$$

Die zusätzliche Leistung ΔP ist positiv, wenn $w-\Delta w < w$ ist.

Gleichung (3.20) schrumpft auf die einfache Form:

$$\Delta A = \Delta K - (\tilde{a} + \tilde{b}) \Delta P \qquad (3.22)$$

zusammen. In diesem Fall ist $(\tilde{a} + \tilde{b})$ die Parität für die Leistungseinheit, die ohne Mehrverbrauch an Brennstoff gewonnen wird.

3.7.5 Bemerkungen für die Praxis

An die Genauigkeit der Paritätsfaktoren $\tilde{a}$ und $\tilde{b}$ sollten keine zu grossen Anforderungen gestellt werden, zumal man bezüglich finanzieller Daten (Preise, Zins) wie auch über die Betriebsweise (jährliche Benützungsdauer) auf etwa 2 Jahrzehnte extrapolieren muss.

In der Praxis bietet die Bestimmung des zahlenmässigen Wertes des Paritätsfaktors $\tilde{a}$ keine Schwierigkeiten. Die richtige Wahl des Paritätsfaktors $\tilde{b}$ setzt jedoch mehr Sorgfalt und Ueberlegung voraus. Ein unbegründet hoch gefasster Wert von $\tilde{b}$ führt zu hochgezüchteten Anlagen, die sehr teuer werden. Den höheren Preis muss der Käufer bezahlen. Ob er die Frucht des erhofften höheren Gewinnes auch tatsächlich geniessen wird, kann in manchen Fällen zweifelhaft sein.

Die Paritätsfaktoren werden in erster Linie im Kraftwerkbau benützt für die Kapitalisierung der erzeugten Leistung und zwar sowohl bei Problemen, die die ganze Anlage betreffen oder ein Teilgebiet davon (Kessel, kaltes Ende) wie auch einzelne Komponenten. Geht es nicht um eine ganze Anlage, so wird das Problem etwa folgendermassen formuliert: Gegeben ist eine bestehende oder fertig geplante Anlage: welche Aenderungen sind bezüglich Investition und Wirtschaftserfolg zu erwarten als Folge einer Modifikation einer Komponente? Diese Fragestellung kann zu sehr verzweigten Wegen führen, die alle mit sehr grosser Sorgfalt zu verfolgen sind, um relevante Antworten zu erhalten. Zwei Gruppen zeichnen sich deutlich ab:

- Aenderung der Abmessungen einer Komponente

- Einführung einer technischen Neuerung: Verfahren oder Konstruktion

Ein anderer Aspekt ist:

- Eine Leistungserhöhung an den Generatorklemmen wird angestrebt, eventuell bei unverändertem Brennstoffverbrauch, oder
- Soll der Brennstoffverbrauch bei gleichbleibender Klemmenleistung vermindert werden?

Bei einer Erhöhung der Leistung müssen natürlich sämtliche anderen Komponenten der Anlage geprüft werden, ob sie den geänderten Betriebsanforderungen gewachsen sind.

Die Paritätsfaktoren können in die Gleichungen auch dann nützlich eingeführt werden, wenn Leistungen für einen technologischen Prozess gebraucht ("verbraucht") werden, sei es in Form von elektrischer (mechanischer) Arbeit oder Wärme.

Die Dimension der Paritätsfaktoren, z.B. von $\tilde{a}$ in der Gleichung (3.15) ist: Geld durch Leistung, z.B. Fr durch kW.

Die Formel ist dimensionsrichtig, wenn folgendes beachtet wird:

h ist dimensionslos $\qquad \left[\dfrac{\text{Zeit}}{\text{Zeit}}\right] = [\text{-}]$

y_B hat die Dimension $\qquad \left[\dfrac{\text{Geld}}{\text{Arbeit}}\right] = \left[\dfrac{\text{Geld}}{\text{Leistung} \cdot \text{Zeit}}\right]$

w ist dimensionslos $\qquad [\text{-}]$

ψ hat die Dimension $\qquad \left[\dfrac{1}{\text{Zeit}}\right]$

Bei der Wahl der Einheiten ist Vorsicht geboten.

Für die Leistung wählt man zweckmässigerweise kW (oder W) als Einheit. Setzt man h als absolute Zahl ein, dann muss y_B in Geld pro kWa angegeben werden. Wenn aber h in h/a eingeführt wird, dann muss für y_B die Einheit Geld/kWh gewählt werden.

3.7.6 Der Paritätsfaktor $ã_{th}$ für die Bewertung von Wärmeströmen

Einem Wärmeträger zugeführter oder von einem Wärmeträger abgeführter Wärmestrom ist sinngemäss auch eine Leistung und kann ebenfalls mit einem Paritätsfaktor kapitalisiert werden.

Liefert eine Wärmequelle - z.b. ein Kessel durch Umformung von Primärenergie in Dampf - einen Wärmestrom, d.h. eine Wärmemenge pro Zeiteinheit, so kann man analog zum Ausdruck 3.15 in Abschn. 3.7.2 den Paritätsfaktor $ã_{th}$ für diesen Wärmestrom anschreiben:

$$\frac{h\,y_b}{\psi\,\eta_K} = ã_{th} \qquad (3.23)$$

Die Symbole gelten unverändert; hinzu kommt η_K, der Wirkungsgrad der Wärmeumformung.

Für Phänomene, die sich in wärmetechnischen Apparaten (z.b. Wärmetauscher) abspielen, kann man die Paritätsfaktoren ebenfalls mit Vorteil benützen. Das gilt auch für an die Umgebung abgegebene ("verlorene") Wärme, z.b. bei Wärmeisolationen.

Es sind ganz spezielle Ueberlegungen notwendig für Heizkraftwerke, die sowohl elektrische Energie als auch Wärme erzeugen und an die Verbraucher abgeben.

4 Beispiele aus der Praxis

Vorbemerkungen:

Um die in den vorangehenden drei Abschnitten gegebenen Darlegungen besser ins Feld der Realität zu rücken, bringen wir im vorliegenden Abschnitt Beispiele aus der Praxis.

Wir haben versucht, aus der grossen Mannigfaltigkeit möglichst typische Probleme auszuwählen, typisch in dem Sinne, dass möglichst viele Gebiete der Technik angesprochen werden sollen. Vom technischen Standpunkt her gesehen sind bewusst einfache Beispiele gewählt oder Vereinfachungen eingeführt worden; denn in diesem Zusammenhang ging es nicht um die Meisterung von technischen Schwierigkeiten, sondern um das Hervorheben der technisch-wirtschaftlichen Querverbindungen.

Die behandelten Problemkreise erstreckten sich von den einfachsten Fällen bis zu extrem verwickelten Systemen. Die meisten Beispiele sind natürlich Optimierungen, was nicht heissen soll, dass der Ingenieur nicht oft mit Problemen konfrontiert wird, bei denen aufgrund von Wirtschaftlichkeitsüberlegungen zwischen zwei oder mehr Lösungsmöglichkeiten eine Entscheidung zu treffen ist. Derartige Probleme lassen sich natürlich hier nicht quantitativ behandeln, denn es sind meistens Einzelfälle, bei denen die Wirtschaftlichkeitsberechnungen sehr umfangreich und sehr spezifisch sind.

In diesem Zusammenhang soll hier als Beispiel ein berühmter Fall kurz geschildert werden, der vor etwa 100 Jahren die Fachkreise stark bewegte: nämlich der Bau des Simplontunnels. Man musste entscheiden, ob man einen Basistunnel von etwa 20 km Länge bauen sollte (so wie er in der Tat gebaut wurde), oder einen kürzeren, höher liegenden und entsprechend billigeren Tunnel; zu letzterem hätte jedoch separate Zufahrtsrampen erstellt werden müssen, die wegen der zusätzlichen Steigungen den Zugbetrieb für alle Zeiten schwerfälliger und kostspieliger gestaltet hätten. Für beide Projekte sind ausführliche Pläne und Berechnungen gemacht worden. Durch Vergleich der Kosten hatte man eine Grundlage zur Beschlussfassung. Man wusste natürlich damals noch nicht, wie dramatisch sich der Tunnelbau vollziehen und welche nicht voraussehbaren Geschehnisse, beispielsweise grosse Wassereinbrüche und hohe Temperaturen, fast unüberwindbare Schwierigkeiten verursachen würden. Schliesslich ist das Werk doch gelungen, der Wille und der Erfindungsgeist der Ingenieure hat gesiegt. Allerdings hat der Bau länger gedauert und bedeutend mehr gekostet als vorgesehen.

Dieses Beispiel steht hier, um zu zeigen, dass auch in solchen Fällen die Beschlussfassung auf Wirtschaftlichkeitsüberlegungen beruht. Es ging hier nicht um eine Optimierung, sondern um den Vergleich von zwei Lösungsmöglichkeiten. Dabei soll das angeführte Beispiel nicht als Argument gegen die Wirtschaftlichkeitsberechnungen empfunden werden, weil doch die vorgesehenen Kosten stark überschritten wurden. Ohne vorangehende Kostenberechnung hätte man überhaupt keine Anhaltspunkte und Argumente gehabt, sich für eine der Lösungen zu entscheiden.

Viele der gebrachten Beispiele befassen sich mit der Energieversorgung, einem Problemkreis, der heutzutage im Vordergrund steht und in manchem Belang - z.T. von der politischen Seite her beeinflusst - stark umstritten ist.

Bei der vorliegenden Stoffbehandlung geht es nicht um eine Stellungnahme oder gar um empfohlene Ausführungsarten, sondern vielmehr darum, die Ansatzpunkte klar und eindeutig zu formulieren, um auf denselben fussend, die Lösung derartiger Probleme in Angriff nehmen zu können.

Zur Erleichterung der Orientierung dienen einerseits das Inhaltsverzeichnis, anderseits - wo nötig - die kurzen Zusammenfassungen vor den einzelnen Unterabschnitten. In jedem von diesen sind die Symbole spezifisch, und ihre Bedeutung wird jeweils erklärt; sie sind nicht in andere Unterabschnitte übertragbar. Die Numerierungen beginnen in jedem Unterabschnitt neu für Gleichungen, Abbildungen sowie in Tabellen.

4.1 Optimierung eines Rohrdurchmessers

Bei dem zu optimierenden Rohrdurchmesser soll die Summe der Aufwendungen minimal sein. Die Aufwendungen sind die Kosten des Rohrmaterials und die Pumpenarbeit. Die Optimierungsbedingungen werden hergeleitet und die Wirtschaftlichkeit an einem Zahlenbeispiel demonstriert.

Eine Rohrleitung führt eine inkompressible Flüssigkeit. Die zur Ueberwindung des Rohrreibungswiderstandes nötige Arbeit liefert eine Pumpe. Die Aufwendungen sind: der Preis des Rohrmaterials und die Pumparbeit. Wir suchen den optimalen Rohrdurchmesser für ein vorgegebenes Wirtschaftlichkeitskriterium.

Folgende Bestimmungsgrössen werden als bekannt und konstant angenommen:

$\dot{m}$	Durchzusetzender Massenstrom	kg/s
$\dot{V}$	Durchzusetzender Volumenstrom	m^3/s
ρ	Dichte der Flüssigkeit	kg/m^3
l	Länge der Rohrleitung	m
λ	Widerstandszahl der Strömung in der Rohrleitung	-
δ	Wanddicke des Rohres	m
ρ_R	Dichte des Rohrmaterials	kg/m^3
y_R	Preis des Rohrmaterials	Fr/kg
h	Betriebsstunden pro Jahr	h/a
y_E	Preis der Energieeinheit auf der Welle	Fr/Wh
ψ	Tilgungsfaktor	1/a
ã	Paritätsfaktor $\dfrac{h\,y_E}{\psi}$	Fr/W

Der Druckabfall in der Rohrleitung Δp berechnet sich:

$$\Delta p = \lambda \frac{l}{d} \frac{w^2 \rho}{2}$$

Nachdem die Rohrlänge für die Durchmesserbestimmung nicht relevant ist, führen wir l nicht weiter und rechnen mit einer Rohrlänge von 1 m. Die Formel wird:

$$\Delta p = \lambda \frac{1}{d} \frac{w^2 \rho}{2} \qquad (1)$$

w ist die Massengeschwindigkeit im Rohr.

$$w = \frac{\dot{m}}{\rho F} \qquad \text{wobei} \quad F = d^2 \frac{\pi}{4} \text{ ist.}$$

Eingesetzt in die Gleichung (1) erhält man:

$$\Delta p = \frac{8}{\pi^2} \lambda \frac{\dot{m}^2}{\rho} \frac{1}{d^5}$$

Die Pumparbeit P errechnet sich:

$$P = \Delta p \, \dot{V} = \frac{8}{\pi^2} \lambda \, \frac{\dot{m}^3}{\rho^2} \frac{1}{d^5} \qquad (2)$$

Die jährlichen Betriebskosten k_B geben die folgende Formel:

$$k_B = h \, y_E \, P = h \, y_E \, \frac{8}{\pi^2} \lambda \, \frac{\dot{m}^2}{\rho^2} \frac{1}{d^5}$$

und dessen kapitalisierter Wert K_B beträgt:

$$K_B = \tilde{a} \, \frac{8}{\pi^2} \lambda \, \frac{\dot{m}^2}{\rho^2} \frac{1}{d^5} \qquad (3)$$

mit

$$\tilde{a} = \frac{h \, y_E}{\psi}$$

Der Rohrpreis - er entspricht dem investierten Kapital - beträgt:

$$K_i = \pi \, d \, \delta \, \rho_R \, y_R \qquad (4)$$

Wir schreiten an die Optimierung des Rohrdurchmessers, zunächst nach dem Kriterium 2, gemäss welchem die jährlichen Aufwendungen A minimal sein sollen.

$$A = k_B + \psi \, K_i = min$$

Wir bilden

$$\frac{d \, A}{d \, d} = 0$$

und erhalten

$$d_{opt}^6 = \frac{40}{\pi^3} \tilde{a} \, \frac{\lambda}{\delta \, \rho_R \, y_R} \, \frac{\dot{m}^3}{\rho^2} \qquad (5)$$

Diese Formel stellt das Resultat dar und führt zum gesuchten Rohrdurchmesser d_{opt}.

Zahlenbeispiel mit angenommenen Werten:

$h = 6000$ h/a; $\qquad\qquad\qquad$ $\lambda = 0.02$;

$y_B = 0.05$ Fr/kWh $= 5 \cdot 10^{-5}$ Fr/Wh; $\qquad$ $\delta = 0.01$ m;

$\psi = 0.1$ a^{-1}; $\qquad\qquad\qquad\qquad$ $\rho_R = 8000$ kg/m^3;

$\qquad\qquad\qquad\qquad\qquad\qquad\quad$ $y_R = 5$ Fr/kg;

$\qquad\qquad\qquad\qquad\qquad\qquad\quad$ $\dot{m} = 100$ kg/s;

$\qquad\qquad\qquad\qquad\qquad\qquad\quad$ $\rho = 1000$ kg/m^3

Diese Werte, in die Formel (5) eingesetzt, führen zum Resultat: d = 0.24 m. Die übrigen uns interessierenden Werte sind leicht zu errechnen; so ist z.B. w = 2.2 m/s, P = 20.2 W/m. Die jährlichen Betriebskosten betragen k_B = 60.6 Fr/a m und die Investitionskosten K = 301.6 Fr/m.

Diese mit dem Kriterium 2 errechneten Werte gelten auch für das Kriterium 1, somit für den maximalen absoluten Gewinn, wenn der jährliche Erlös E konstant ist, d.h. nicht von der Art der Rohrauslegung abhängt.

Will man den optimalen Rohrdurchmesser nach Kriterium 3 berechnen, dass nämlich die Rendite maximal sein soll, so bildet man die Rendite gemäss folgender Formel, wobei G den jährlichen Gewinn und e den jährlichen Erlös pro Rohrlängeneinheit bedeuten.

$$R = \frac{G}{K_i} = \frac{e - (\psi \ K_i + k_B)}{K_i} = \frac{e - \psi \ k_B}{K_i} - \psi \qquad (6)$$

Den expliziten Ausdruck erhält man durch Einsetzen der bereits oben errechneten Zusammenhänge. Der optimale Rohrdurchmesser wird durch Nullsetzen der Ableitung von R nach d bestimmt. Das führt zur Bedingungsgleichung, bzw. zum Resultat:

$$d_{opt}^5 = \frac{48}{\pi^2} \ ä \ \psi \ \lambda \ \frac{\dot{m}^3}{\rho^2} \ \frac{1}{e} \qquad (7)$$

Der Ausdruck (7) ist zwar dem Ausdruck (5) ähnlich, aber doch verschieden. Um (7) zahlenmässig auszuwerten, müssen wir für den auf die Längeneinheit entfallenden Ertrag einen Zahlenwert annehmen, z.B. e = 60 Fr/a m. Das führt zu d_{opt} = 0.2175 m. Man sieht also, dass der Rohrdurchmesser um etwa 10 % kleiner geworden ist. Die Rendite, die man erzielt, beträgt 8.3 %.

Wir wollen den Erlös e variieren, um klar zu erkennen, welchen Einfluss die Annahme von e auf das Resultat hat. Wir geben eine Tabelle und eine graphische Darstellung der Auswertungen, die mit verschiedenen angenommenen Ertrags-Werten berechnet wurden.

K_i	d_{opt}	A	Gewinn in Fr/m.a für e (in Fr/m.a)				Rendite in % für e (in Fr/m.a)			
			50	60	70	80	50	60	70	80
200	0,159	67,69	-	-	2,3	12,3	-	-	1,2	6,2
225	0,179	48,96	1,0	11,0	21,0	31,0	0,4	4,9	9,3	13,8
250	0,199	40,63	9,4	19,4	29,4	39,1	3,8	7,8	11,8	15,6
275	0,219	37,20	12,8	22,8	32,8	42,8	4,7	8,3	11,9	15,6
300	0,239	36,28	13,7	23,7	33,7	43,7	4,6	7,9	11,1	14,4
350	0,278	37,81	12,2	22,2	32,2	42,2	3,5	6,4	9,2	12,2
400	0,318	41,49	8,5	18,5	28,5	38,5	2,1	4,6	7,1	9,6

Tabelle: Zahlenwerte zur Figur 4.1.1

Im Bild 4.1.1 ist auf der Abszisse das investierte Kapital pro Einheitslänge des Rohres aufgetragen. Im obersten Bildteil stellt der mit A_j bezeichnete Kurvenzug die jährlichen Aufwendungen dar. Die Skala der entsprechenden Geldbeträge ist links auf der Ordinate aufgetragen. Im selben Bildteil ist auch der Rohrdurchmesser d eingezeichnet, dessen Skala sich auf dem rechten Bildrand befindet. Die horizontalen e-Linien entsprechen den verschiedenen angenommenen jährlichen Erträgen für die Einheitslänge des Rohres. Die jeweilige Differenz zwischen Ertrag und Aufwendungen stellt den Gewinn G dar. Ein Beispiel mit dem Doppelpfeil ist angedeutet. Im mittleren Bildteil sind die Gewinnkurven - für die 4 verschiedenen angenommenen Erträge - eingezeichnet. Die Skala ist links auf der Ordinate angegeben. Die Berührungspunkte der aus dem Nullpunkt zu diesen Gewinnkurven gezogenen Tangenten geben die einzelnen Stellen an, für welche die Rendite maximal ist. - Die Renditen selber sind im unteren Bildteil dargestellt, die Zahlenwerte sind an der linken Ordinate ablesbar. Die maximalen Renditen sind auf dem Bild gut erkennbar.

Die ausführliche Erarbeitung des vorliegenden Beispieles hat den Zweck, zu zeigen, dass die Optima einerseits vom gewählten Wirtschaftlichkeitskriterium, anderseits aber auch von den angenommenen Zahlenwerten stark abhängen.

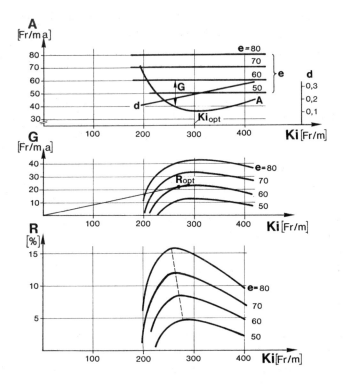

Bild 4.1.1: Aufwendungen, Gewinn, Rendite in Funktion des investierten Kapitals

4.2 Strömung in einem Rohr mit Wärmeübertragung

Die optimalen Bedingungen sind zu bestimmen

Die Strömungsgeschwindigkeit in einem Rohr beeinflusst die Wärmeübertragungszahl und den Druckabfall. Sie ist bei gegebenem Rohrdurchmesser und der zu übertragenden Wärme so zu bestimmen, dass die Arbeit minimal sei. Die Gleichungen sind abgeleitet, und Zahlenbeispiele sind gegeben.

Wenn im Abschn. 4.1 der optimale Rohrdurchmesser bestimmt wurde, soll bei dieser Aufgabestellung der Rohrdurchmesser vorgegeben sein, und das Problem besteht in der

Bestimmung der Bedingungen für optimale Wirtschaftlichkeit, wenn das strömende Medium ein Wärmeträger ist und an einem Wärmeübertragungsprozess teilnimmt.

Der technische Hintergrund des Problems kann beispielsweise ein wassergekühltes Kondensatorrohr sein, bei dem der Wärmedurchgang im wesentlichen von dem wasserseitigen Wärmeübergang bestimmt wird. Gegeben sind die in der Zeiteinheit abzuführende Wärmemenge, d.h. der Wärmestrom q, die mittlere Temperaturdifferenz Δt, der Rohrdurchmesser d, des weitern physikalische Kenngrössen, Preise, Betriebsbedingungen. Gesucht wird die Geschwindigkeit w des Kühlmediums (Wasser) und die zur vorgegebenen Wärmeübertragung notwendige Rohrlänge l. Das Problem hat also zwei Freiheitsgrade. Das angestrebte Wirtschaftlichkeitskriterium sei: minimaler Aufwand.

Bei erhöhter Geschwindigkeit wird der Wärmeübergang im Rohr besser, das Rohr kürzer und die Kosten des Rohres werden kleiner. Dafür wächst der Druckabfall und mit ihm die Pumpleistung.

Die folgende Gleichung stellt den Aufwand A in kapitalisierter Form dar:

$$A = ä\,P + y_R\,m_R \qquad (1)$$

Es bedeuten P die Pumpleistung, ä den Paritätsfaktor (s. Abschn. 2.4.6), m_R die Masse des Rohres und y_R dessen Einheitspreis. Die Pumpleistung und die Rohrmasse müssen mit der Geschwindigkeit und der Rohrlänge ausgedrückt werden. Es gelten die bekannten physikalischen Zusammenhänge:

für die Pumpleistung:

$$P = \Delta p \cdot V \qquad (2)$$

für den Druckabfall:

$$\Delta p = \lambda\,\frac{l}{d}\,\rho\,\frac{w^2}{2} \qquad (3)$$

(λ = spez. Widerstandszahl der Rohrreibung,
ρ = Dichte der strömenden Flüssigkeit)

für den Volumenstrom:

$$V = \frac{d^2 \pi}{4} w \qquad (4)$$

Durch Einsetzen von (3) und (4) in (2) folgt:

$$P = \frac{\pi}{8} \lambda \rho \, d \, l \, w^3 \qquad (5)$$

Die Rohrmasse beträgt:

$$m_R = \pi \, d \, l \, \delta \, \rho_R \qquad (6)$$

(δ = Dicke der Rohrwand,
  ρ_R = Dichte des Rohrmaterials,
  l = Länge des Rohres)

Eingesetzt in (1), erhält man den Aufwand in der gewünschten Form:

$$A = a \frac{\pi}{8} \lambda \rho \, d \, l \, w^3 + y_R \, \pi \, d \, \delta \, \rho_R \, l \qquad (7)$$

Mit Hilfe der Wärmeübertragungsgleichung kann man l eliminieren.

$$q = k F \Delta t \qquad (8)$$

Die Wärmedurchgangszahl k soll mit der Wärmeübergangszahl an der inneren Rohrwand α identisch sein; wir nehmen an, dass die Wärmeübertragungswiderstände in der Rohrwand und auf der Rohraussenseite durch kondensierenden Dampf, im Vergleich mit zur Rohrinnenseite vernachlässigbar sind. Die Wärmeübergangszahl auf der Rohrinnenseite hängt von der Geschwindigkeit ab.

$$k = k_0 \left(\frac{w}{w_0}\right)^{0,8} \qquad (9)$$

wobei k_0 und w_0 Konstanten sind.

Die Wärmeübertragungsfläche:

$$F = \pi \, d \, l \qquad (10)$$

in (8) eingesetzt und nach l aufgelöst gibt:

$$l = \frac{q}{k_o \, \pi \, d \, \Delta t} \left(\frac{w}{w_o}\right)^{-0,8} \qquad (11)$$

Diesen Ausdruck führen wir in (7) ein und erhalten:

$$A = \left(\ddot{a} \, \frac{\pi}{8} \lambda \, \rho \, d \, w^3 + y_R \, \pi \, d \, \delta \, \rho_R\right) \frac{q}{k_o \, \pi \, d \, \Delta t} \left(\frac{w}{w_o}\right)^{-0,8} \qquad (12)$$

Zwecks kürzerer Schreibweise ersetzen wir in der Gleichung vorübergehend die konstanten Ausdrücke mit L, M und N.

$$A = (L \, w^3 + M) \, N \left(\frac{w}{w_o}\right)^{-0,8} \qquad (12a)$$

Das Optimum wird ermittelt durch die Bildung von:

$$\frac{d \, A}{d \, w} = 0 \qquad (13)$$

Die Operation ausgeführt und nach w aufgelöst gibt die optimale Geschwindigkeit:

$$w_{opt} = 0,714 \left(\frac{M}{L}\right)^{1/3} \qquad (14)$$

oder, indem man die Abkürzungen durch die ursprünglichen Ausdrücke ersetzt, erhält man:

$$w_{opt} = 1,428 \left(\frac{y_R \, \delta \, \rho_R}{\ddot{a} \, \lambda \, \rho}\right)^{1/3} \qquad (14a)$$

Um die optimale Länge zu erhalten, führt man den eben berechneten Wert von w_{opt} in die Gleichung (11) ein und erhält:

$$l_{opt} = 0,239 \, \frac{q}{k_o \, d \, \Delta t} \, w_o^{0,8} \left(\frac{ä \, \lambda \, \rho}{y_R \, \delta \, \rho_R} \right)^{0,267} \quad (15)$$

Somit sind beide zu optimierenden Grössen w und l bestimmt.

Wir geben ein Zahlenbeispiel mit willkürlich angenommenen Daten.

q	=	1000	W	δ	=	10^{-3} m
Δt	=	10	K	ρ_R	=	8000 kg/m^3
k_o	=	600	W/m^2 K	y_R	=	6 Fr/kg
w_o	=	2	m/s	λ	=	0,02
d	=	0,02	m	$ä$	=	0,6 Fr/W
ρ	=	1000	kg/m^3			

Mit diesen Zahlenwerten gibt die Gleichung (14):

w_{opt} = 2,27 m/s und Gleichung (l5):

l_{opt} = 2,4 m.

4.3 Erwärmung einer Flüssigkeit in zwei Stufen
Bestimmung des optimalen Temperaturausnützungsgrades

Wo liegt die Temperaturgrenze einer zu erwärmenden Flüssigkeit, welche zwei verschieden beheizte Wärmetauscher durchströmt, wenn eine vorausgegebene Wirtschaftsbedingung erfüllt werden soll? Die Bedingungen werden hergeleitet und zwar für ein Heizwerk und ein Kraftwerk. Das Zahlenbeispiel geht auf diese Alternative ein.

4.3.1 Problemstellung

Eine Flüssigkeit (z.B. Wasser) soll in zwei Stufen von der Temperatur T_1 auf T_3 erwärmt werden. Es stehen zwei Wärmequellen mit den Temperaturen T_{D1} und T_{D2} (z.B. Sattdampf) zur Verfügung. In Bild 4.3.1 ist der Erwärmungsprozess skizziert. Man verwendet zwei Wärmetauscher mit den Wärmeübertragungsflächen F_1 und F_2. Wählt man die Fläche F_1 unter

Beachtung, dass $T_{D1} > T_2$ sein muss, so ist F_2 zwangsweise bestimmt. Indessen gibt es keine zwingende Bedingung für die Wahl der Fläche F_1 und somit für die Temperatur T_2. Es sind, wie man sieht, viele Lösungen möglich, die alle der gestellten Zielsetzung genügen. Das Problem ist also nicht eindeutig definiert oder mathematisch ausgedrückt: es gibt einen Freiheitsgrad mehr als Bedingungsgleichungen.

Das Problem kann aber eindeutig gemacht werden durch die Einführung einer Wirtschaftlichkeitsbedingung, nämlich: die Summe aller Aufwendungen soll minimal sein. Diese Problemstellung darf als klassisches Beispiel dafür gelten, dass sie nur mittels einer Wirtschaftlichkeitsbedingung zu einem eindeutigen Problem gemacht werden kann.

Für einen Wärmetauscher, auf dessen einer Seite die Temperatur T_{D1} konstant ist, gilt die folgende Gleichung:

$$\dot{q} = k\,F_1\,\overline{\Delta T} = k\,F_1\,\frac{T_2 - T_1}{\ln \dfrac{T_{D1}-T_1}{T_{D1}-T_2}} \qquad (1)$$

Einfachheitshalber verwenden wir Symbole, die in der Bild 4.3.1 für den ersten Wärmetauscher angegeben sind.

Der an die Flüssigkeit (Wasser) übergeführte Wärmestrom ist:

$$\dot{q} = c\,\dot{m}\,(T_2 - T_1) \qquad (2)$$

In diesen Gleichungen bedeuten k die Wärmedurchgangszahl, die wir als konstant voraussetzen, $\dot{m}$ den Massenstrom der strömenden Flüssigkeit und c deren spezifische Wärme. Aus den Gleichungen 1 und 2 erhält man:

$$\varepsilon_1 = 1 - e^{-\varphi_1} \qquad (3)$$

mit den Abkürzungen: für den Temperaturausnützungsgrad

$$\varepsilon_1 = \frac{T_2 - T_1}{T_{D1}-T_1} \qquad (4)$$

und für die Austauschgrösse:

$$\varphi_1 = \frac{k\, F_1}{c\, \dot{m}} \qquad\qquad (5)$$

Unser Problem besteht in der Bestimmung der Flächen F_1 und F_2 , bzw. der Temperatur T_2 so, dass die Summe der jährlichen Aufwendungen minimal sein soll.

Die Aufwendungen bestehen einerseits aus den Investitionskosten für die Wärmetauscherfläche, anderseits aus den Betriebskosten, genauer den Kosten der mittels der Dampfströme dem Wasser zugeführten Wärme. Zu beachten ist, dass der Dampf von höherer Temperatur also T_2 wertvoller ist (auch in thermodynamischem Sinn) und dementsprechend mehr kostet als der Dampf. Geht es um die Erwärmung von Wasser in einem Heizwerk, so kann der Wertunterschied der zwei Dämpfe unmittelbar in Geldeinheiten angegeben werden. Bei der Speisewassererwärmung in einem Kraftwerk wird man thermodynamische Ueberlegungen für die Bestimmung des Wertunterschiedes der zwei Dämpfe benötigen.

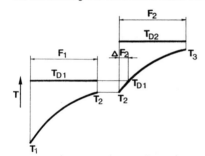

Bild 4.3.1

Verlauf der Temperatur der zu erwärmenden Flüssigkeit in den zwei Wärmetauschern deren Temperaturen gegeben sind.

4.3.2 Bestimmung der Flächen der Wärmetauscher

Zunächst wird die Fläche F_1 bestimmt und anschliessend von der Fläche F_2 jener Anteil ΔF_2, der nötig ist, um die Flüssigkeit von der Temperatur T_2 auf T_{D1} zu erhöhen. Der andere Flächenanteil von F_2 ist konstant, hat somit keinen Einfluss auf unsere Problematik, muss also nicht berechnet werden. Bei den folgenden Ableitungen machen wir weitgehend Gebrauch von den Begriffen: Temperaturausnützungsgrad ε und Austauschgrösse φ, wie wir sie mit den Gleichungen (4) und (5) definiert haben.

Die Gleichung (3) gibt für die Fläche des ersten Wärmetauschers F_1, wenn φ_1 gemäss der Gleichung (5) in expliziter Form gebraucht wird:

$$F_1 = \frac{c\,\dot{m}}{k}\,\ln\frac{1}{1-\varepsilon_1} \qquad (6)$$

Für ΔF_2 gilt ähnlicherweise:

$$\varepsilon_2 = 1 - e^{-\varphi_2} \qquad (7)$$

wobei

$$\varepsilon_2 = \frac{T_{D1}-T_2}{T_{D2}-T_2}\ , \qquad \varphi_2 = \frac{k\,\Delta F_2}{c\,\dot{m}} \qquad (8)$$

bedeuten.

Wir berechnen ΔF_2 in Funktion von ε_1 und erhalten:

$$\Delta F_2 = \frac{c\,\dot{m}}{k}\,\ln\frac{\mu - \varepsilon_1}{\mu - 1} \qquad (9)$$

Dabei ist die folgende Abkürzung gebraucht worden:

$$\mu = \frac{T_{D2}-T_1}{T_{D1}-T_1} \qquad (10)$$

Die beiden Flächen, nämlich F_1 und ΔF_2 drücken sich aus:

$$F_1 + \Delta F_2 = \frac{c\,\dot{m}}{k}\,\ln\frac{\mu - \varepsilon_1}{(\mu - 1)(1 - \varepsilon_1)} \qquad (11)$$

Wir nehmen an, dass der Preis Y_F eines Wärmetauschers sich durch den Ausdruck:

$$Y_F = Y_0 + y_F\,F \qquad (12)$$

annähern lässt, wobei Y_0 den konstanten Anteil und $y_F\,F$ den mit der Fläche proportionalen Anteil des Preises beschreiben. Bedeutet noch ψ den Tilgungsfaktor des Kapitals, dann lässt sich der finanzielle Aufwand A_F der Flächen $F_1 + \Delta F_2$ für 1 Jahr folgendermassen ausdrücken:

$$A_F = \psi \left(Y_0 + y_F \frac{c \, \dot{m}}{k} \, \ln \frac{\mu - \epsilon_1}{(\mu - 1)(1 - \epsilon_1)} \right) \quad (13)$$

Dabei ist der von ϵ_1 unabhängige Anteil uninteressant, denn er fällt bei der Differenzierung weg.

4.3.3 Berechnung der Betriebskosten in Funktion von ϵ_1

Die Flüssigkeit soll von der Temperatur T_2 auf die Temperatur T_{D1} erwärmt werden. Dies geschieht im Wärmetauscher 2 bei einem Wert von $\epsilon_1 = \frac{T_2 - T_1}{T_{D1} - T_1}$. Der für diese Erwärmung benötigte Dampfstrom beträgt $\Delta \dot{m}_{D2}$, die abgegebene Wärmemenge $r \, \Delta \dot{m}_{D2}$ (mit r als Verdampfungswärme) bei der Temperatur T_2. Würde die gleiche Wassererwärmung im Wärmetauscher 1 erfolgen, so müsste F_1 unendlich gross sein, ϵ_1 wäre gleich 1 der entsprechende Dampfstrom $\Delta \dot{m}_{D1}$ bei der Temperatur T_{D1}. Dabei sollen die Verdampfungswärmen r konstant sein, somit ist $\Delta \dot{m}_{D1} = \Delta \dot{m}_{D2}$.

Für die umgesetzte Wärme gilt:

$$\dot{q} = c \, \dot{m} \, (T_{D1} - T_2) = \Delta \dot{m}_{D1} \, r \quad (14)$$

Der jährliche Dampfbedarf beträgt:

$$M_D = \Delta \dot{m}_{D1} \, Z = \frac{c \, \dot{m}}{r} \, (T_{D1} - T_2) \, Z \quad (15)$$

Z bezeichnet die jährlichen Betriebsstunden. Zweckmässigerweise wird man die Flüssigkeits- und Dampfströme in kg/h angeben.

Die Temperaturdifferenz in der obigen Gleichung wird mit Hilfe von Gl. (4) mit ϵ_1 ausgedrückt:

$$M_D = \frac{Z \, c \, \dot{m}}{r} \, (T_{D1} - T_1) \, (1 - \epsilon_1) \quad (16)$$

Für ein Heizwerk sei der Wertunterschied der beiden Dämpfe Δy_D pro Masseeinheit; für die jährlichen Betriebskosten kann man somit schreiben:

$$A_B = M_D\,\Delta y_D = Z\,\boxed{\frac{\Delta y_D}{r}}\,c\,\dot{m}\ (T_{D1}-T_1)\ (1-\varepsilon_1) \qquad (17)$$

Verfolgt man in einem Kraftwerk die Erwärmung des Speisewassers mit den Vorwärmern 1 und 2, so arbeitet man zweckmässig mit dem η-Q-Diagramm, um den Verlust an Energie festzustellen. Dieser Verlust wird gemäss Bild 4.3.2 als Differenz der Flächen zwischen der Erwärmungslinie des Speisewassers und der Zustandslinie des Dampfes im Vorwärmer 2, bzw. Vorwärmer 1, dargestellt (schraffierte Fläche in der Bild 4.3.2).

Die Wärmemenge $\dot{q}$, die dabei umgesetzt wird, ist

$$\dot{q} = c\,\dot{m}\ (T_{D1} - T_2) \qquad (14)$$

Die entsprechenden η-Werte (T_0 = Umgebungstemperatur) sind:

$$\eta_1 = 1 - \frac{T_0}{T_{D1}} \qquad \eta_2 = 1 - \frac{T_0}{T_{D2}} \qquad (18)$$

Somit verliert das Kraftwerk pro Zeiteinheit die Energie:

$$\Delta E = c\,\dot{m}\ (T_{D1}-T_2)\ (\eta_2-\eta_1) \qquad (19)$$

oder, indem man mittels Gl. (4) die Temperaturdifferenz mit ε_1 ausdrückt, erhält man:

$$\Delta E = c\,\dot{m}\ (T_{D1}-T_1)\ (\eta_2-\eta_1)\ (1-\varepsilon_1) \qquad (20)$$

Ist $\dot{m}$ auf die Stunde bezogen, so stellt dieser Ausdruck den stündlichen Verlust an Energie dar, der dadurch entstanden ist, dass das Wasser von der Temperatur T_2 auf die Temperatur T_{D1} mit dem Dampf 2 statt mit dem Dampf 1 erwärmt wurde. Der Energieverlust wird mit dem Wirkungsgrad η_{KW} auf die Klemmen des Generators projiziert. Der jährliche Betriebsaufwand A_B' ist identisch mit dem Wert der nicht erzeugten elektrischen Arbeit, der sich mittels des Einheitspreises y_E ausdrückt:

$$A_B' = Z\,\boxed{y_E\,\eta_{KW}\,(\eta_2\cdot\eta_1)}\,c\,\dot{m}\ (T_{D1}-T_1)(1-\varepsilon_1) \qquad (21)$$

Der Vergleich der Formeln (17) und (21) zeigt nur in den kursiv gedruckten Ausdrücken einen Unterschied: das sind die Terme, die den Einheitspreis der Verluste bestimmen.

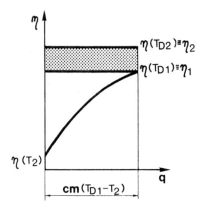

Bild 4.3.2

η - q Diagramm für die Erwärmung der Flüssigkeit von T_2 auf T_{D1}. Die schraffierte Fläche stellt den Exergieverlust dar, der dann entsteht, wenn das Speisewasser im Vorwärmer 2 statt m Vorwärmer 1 erwärmt wird.

4.3.4 Bestimmung des Minimums der Aufwendungen

Die Summe der Aufwendungen wird gebildet:

$$A = A_F + A_B \qquad (22)$$

Für A_B sind zwei Ausdrücke, Gl. (17) und (21) hergeleitet worden, die sich nur durch eine von ε_1 nicht abhängige Konstante unterscheiden. Für den Fall des Heizwerkes lautet die explizite Form:

$$A = Z \frac{\Delta y_D}{r} c\,\dot{m}\,(T_{D1}\text{-}T_1)(1\text{-}\varepsilon_1) + \psi\left[Y_o + y_F \frac{c\,\dot{m}}{k} \ln \frac{\mu\text{-}\varepsilon_1}{(\mu\text{-}1)(1\text{-}\varepsilon_1)}\right] \qquad (23)$$

Dieser Ausdruck soll zu einem Minimum werden mittels der Bedingung:

$$\frac{d\,A}{d\,\varepsilon_1} = 0 \qquad (24)$$

Die die Minimalbedingung nicht beeinflussenden Grössen werden weggelassen, und die (für ein Heizwerk gültige) Abkürzung:

$$S = \frac{Z}{\psi} \frac{\Delta y_D}{r} (T_{D1}\text{-}T_1) \frac{k}{y_F} \qquad (25)$$

wird eingeführt. Es folgt:

$$A = S(1-\varepsilon_1) + \ln \frac{\mu-\varepsilon_1}{(\mu-1)(1-\varepsilon_1)} \qquad (26)$$

Die Operation, gemäss Gl. (24) durchgeführt, ergibt für ε_{opt} die Bedingungsgleichung:

$$S - \frac{\mu-1}{(\mu-\varepsilon_{opt})(1-\varepsilon_{opt})} = 0 \qquad (27)$$

oder aufgelöst auf ε_{opt} :

$$\varepsilon_{opt} = \frac{\mu+1}{2} - \sqrt{\left(\frac{\mu+1}{2}\right)^2 - \frac{\mu(S-1)+1}{S}} \qquad (28)$$

Für den Fall eines Kraftwerkes hat die Abkürzung S die Form:

$$S = \frac{Z}{\psi} y_E \eta_{KW} (\eta_2-\eta_1)(T_{D1}-T_1)\frac{k}{y_F} \qquad (29)$$

Aus diesen Zusammenhängen ist zu ersehen, dass mit einem ganz eindeutig festgelegten Wärmeausnützungsgrad ε_1 genau bestimmt werden kann, wie gross der Anteil von F_1 an der gesamten Wärmeübertragungsfläche sein muss. Somit sind auch eindeutig die Temperatur T_2 und die Fläche F_2 bestimmt.

4.3.5 Zahlenbeispiel

Wir machen folgende Zahlenannahmen:

$T = 60\ ^oC$, $\qquad T_{D1} = 100\ ^oC$, $\qquad T_{D2} = 120\ ^oC$

$y_F = 200\ Fr/m^2$, $\qquad \psi = 0,1\ 1/a$

Weitere Annahmen für das Heizwerk (HW):

$$\frac{\Delta y_D}{r} = 0,002\ Fr/kWh, \qquad Z = 2000\ h/a \qquad k = 1\ kW/m^2\ K$$

für das Kraftwerk (KW):

$$Z = 5000 \ a/h, \qquad k = 2 \ kW/m^2 \ K, \qquad y_E = 0,08 \ Fr/kWh$$

Gemäss Gl. (25) und (29) erhält man:

$$S_{Heizwerk} = 8,0$$
$$S_{Kraftwerk} = 51,3$$

Mit diesen Zahlenwerten ergibt die Resultatgleichung (28):

$$(\varepsilon_{opt})_{Heizwerk} = 0,896$$
$$(\varepsilon_{opt})_{Kraftwerk} = 0,981$$

Man sieht, dass die Betriebsbedingungen des Kraftwerkes eine viel stärkere Ausnützung des weniger wertvollen Dampfes verlangen, was sich durch den hohen ε_{opt} -Wert manifestiert.

4.4 Kraftwerke, Heizkraftwerke, Heizwerke

4.4.1 Allgemeine Rahmenbedingungen

Die Energieversorgung der Industrieländer ist - wie bekannt - heute eines der erstrangigen Probleme. Benötigt werden elektrische (mechanische) Arbeit (Energie) und Wärme. Die elektrische Energie wird mittels grosser Versorgungsnetze verteilt, zum Teil mit Ueberlandverbindungen; die Wärmeversorgung ist indessen grösstenteils dezentralisiert.

Die elektrischen Versorgungsnetze werden durch Kraftwerke gespeist. Die meisten erzeugen ausschliesslich elektrische Energie. Es gibt aber auch Heizkraftwerke, die nebst der elektrischen Energie auch Wärme liefern. Man spricht von Wärme-Kraft-Kopplung, ein Thema, das in Abschn. 4.7 behandelt wird. In diesem Abschnitt wird das eigentliche Kraftwerk behandelt und zwar in einer verallgemeinernden Form. Der Rahmen der Betrachtungen kann dabei verschiedene Grenzen haben:

- das gesamte Kraftwerk inkl. Boden, Bauten, Anschlüsse usw.
- das eigentliche Kraftwerk, vom Brennstoff bis zu den Ausgangsstellen der abgelieferten Energien

- nur maschinelle und apparative Einrichtungen von der Frischdampfeinströmstelle bis zur Sammelschiene

Für den Unternehmer gilt offenbar die erste Variante, für den Maschinenbauer die letzte.

Um die Wirtschaftlichkeitsprobleme der Kraftwerke behandeln zu können, müssen sowohl die massgebenden ökonomischen Daten als auch die Betriebsbedingungen bekannt sein. Das gilt in erster Linie für das Lastdiagramm sowie für Preise, Kosten, Erlöse usw. Technische Begrenzungen oder behördliche Vorschriften müssen berücksichtigt werden. Sie können unter Umständen die Verwirklichung eines absoluten Optimums ausschliessen, und man wird sich gezwungenermassen mit einem relativen Optimum zufriedengeben müssen.

Manche Umstände sowie Betriebssicherheit, Verfügbarkeitsgrad, Service, Reservehaltung, Lebensdauer der Komponenten und ähnliche Nebenbedingungen können nicht quantifiziert und somit nicht in die Berechnungen eingeführt werden. Bezüglich der Genauigkeit der Wirtschaftlichkeitsberechnungen wird auf Abschnitt 1.4 verwiesen.

Die freie Entfaltung des Kraftwerkbaues ist z.Zt. durch politische Einflüsse gehemmt. Dadurch ist das technisch-wirtschaftliche Bild verzerrt und die gesunde Entwicklung beeinträchtigt. Auf diese - hoffentlich nur vorübergehenden - Einflüsse gehen wir hier nicht ein.

4.4.2 Thermodynamische Betrachtungen

Die Bild 4.4.1 zeigt ein vereinfachtes Kraftwerkschema in verallgemeinernder Form. Je nach den Ventilstellungen funktioniert es als ein rein elektrisches Kraftwerk, als ein Heizkraftwerk oder auch als ein Heizwerk. Die in der Abbildung angedeuteten Komponenten werden folgendermassen bezeichnet:

Ke	Kessel
HT	Hochdruckturbine
NT	Niederdruckturbine
S	Stromerzeuger
I, II, III, IV	Absperr-, bzw. Regelorgane

84

Es gelten noch folgende Symbole:

B	dem Kessel mittels Brennstoff zugeführte Leistung
D	Dampf, die höchste Enthalpie mitführend
P_W	die von der Welle der Turbogruppe abgegebene mechanische Leistung
P_E	die vom Stromerzeuger abgegebene elektrische Leistung
K_n	die zum Kondensator fliessende Abwärme
Q	die entnommene Wärmemenge

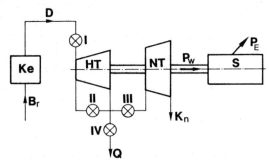

Bild 4.4.1 Kraftwerkschema (vereinfacht) für die Erzeugung von elektrischem Strom und Wärme mit einer Entnahmestelle. Die Symbole, die teils Komponenten, teils Leistungen bezeichnen, sind im Text erklärt.

Nach dem ersten Hauptsatz der Thermodynamik gilt ganz allgemein für eine ideale, verlustlose Maschine:

$$D = P_W + Q + K_n \qquad (1)$$

Mit Einführung der Massenströme und Enthalpien schreibt man:

$$D = \dot{m}\, \Delta h_F \qquad (2)$$

$$Q = \dot{m}_q\, (\Delta h_F - \Delta h_H) \qquad (3)$$

$$K_n = (\dot{m} - \dot{m}_q)\left[\Delta h_F - (\Delta h_H + \Delta h_N)\right] \qquad (4)$$

$$P_W = \dot{m}(\Delta h_H + \Delta h_N) - \dot{m}_q\, \Delta h_N \qquad (5)$$

In diesen Formeln bedeuten:

$\dot{m}$ Dampfmassenstrom, eingeführt in die Hochdruckturbine

$\dot{m}_q$ Dampfmassenstrom, entnommen für die Wärme

Δh_F Enthalpiegefälle des Arbeitsstoffes vom Eintritt bis zur tiefsten Temperatur

ΔH_N Enthalpiegefälle an der Hochdruckturbine

Δh_N Enthalpiegefälle an der Niederdruckturbine

Es werden folgende Wirkungsgrade definiert, mit der Voraussetzung, dass sie nicht lastabhängig sind.

Turbinenwirkungsgrad vom Dampfeintritt bis zur Welle

$$\eta_T = \frac{\Delta h_H + \Delta h_N}{\Delta h_F} - \frac{\dot{m}_q}{\dot{m}} \frac{\Delta h_N}{\Delta h_F} \qquad (6)$$

Wirkungsgrad des Hochdruckteiles:

$$\eta_H = \frac{\Delta h_H}{\Delta h_F} \qquad (7)$$

Wirkungsgrad des Niederdruckteiles in allgemeiner Form:

$$\eta_N = \frac{\Delta h_N}{\Delta h_F}\left(1 - \frac{\dot{m}_q}{\dot{m}}\right) \qquad (8)$$

und für $\dot{m}_q = 0$

$$\eta_{N1} = \frac{\Delta h_N}{\Delta h_F} \qquad (9)$$

Es ist:

$$\eta_T = \eta_H + \eta_N$$

Wirkungsgrad des Kessels:

$$\eta_K = \frac{D}{B} \qquad (10)$$

Wirkungsgrad des Stromerzeugers von der Welle bis zur Klemme:

$$\eta_E = \frac{P_E}{P_W} \qquad (11)$$

Gesamtwirkungsgrad des Kraftwerkes vom Brennstoff bis zur Klemme:

$$\eta_{tot} = \eta_K \cdot \eta_T \cdot \eta_E \qquad (12)$$

Folgende Betriebsfälle sind denkbar:

Grenzfall 1,	$Q = 0$,	Kondensationsturbine, reines Elektrizitätswerk
Grenzfall 2,	$Q = Q_{max}, K_n = 0$,	Gegendruckturbine, Heizkraftwerk
Allgemeiner Fall,	$0 < Q < Q_{max}$,	Anzapfturbine, Heizkraftwerk
Uneigentliches Kraftwerk	$D = Q, P_W = 0$,	Heizwerk

Q_{max} gilt bei einem vorgegebenen D - und ist nicht der absolute Maximalwert. Es ist $0 < D < D_{max}$, wobei D_{max} durch die grösste Schluckfähigkeit der Turbine bestimmt ist. Die Ventilstellungen für die 4 Fälle sind aus der folgenden Darstellung ersichtlich:

	I	II	III	IV
Grenzf. 1	+ r	-	+	-
Grenzf. 2	+ r	-	-	+
Allg. Fall	+ r	-	+	+
Uneigentl. Kraftwerk	+ r	+	-	+

+ offen
- zu
r Regelung

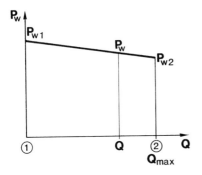

Bild 4.4.2

Leistung an der Turbinenwelle in Funktion der Wärmeentnahme. Die Grenzfälle sind mit 1 und 2 Bezeichnet.

Es sind die verschiedenen Betriebsfälle angedeutet.

Die Gerade P_{W1} - P_{W2} liegt je nach dem Wert von D verschieden hoch, hat aber - bei konstanten Wirkungsgraden - immer denselben Neigungswinkel.

Für die einzelnen Fälle gelten folgende Zusammenhänge:

-.Grenzfall 1, Kondensationsturbine:

$$Q = 0; \qquad D \equiv D_1 = P_{W1} + K_{n1} \qquad (13)$$

Die Leistung auf der Welle ist:

$$P_{W1} = \dot{m} \, (\Delta h_H + \Delta h_N) \qquad (14)$$

und der Wirkungsgrad:

$$\eta_{T1} = \frac{P_{W1}}{D_1} = \frac{\Delta h_H + \Delta h_N}{\Delta h_F} \qquad (15)$$

- Grenzfall 2, Gegendruckturbine:

$$Q = Q_{max}; \quad \dot{m}_q = \dot{m}; \quad K_n - 0; \quad D - P_{WII} + Q_{max} \qquad (16)$$

Die Leistung auf der Welle ist:

$$P_W \equiv P_{WH} = \dot{m}\,\Delta h_H \qquad (17)$$

und der Wirkungsgrad:

$$\eta_{T2} \equiv \eta_H = \frac{P_{WH}}{D} = \frac{\Delta h_H}{\Delta h_F} \qquad (18)$$

Zum Vergleich mit dem Grenzfall 1 sei $D = D_1$, dann ist $P_{WH} = D_1\,\eta_H$ und der Leistungsausfall δP beträgt:

$$\delta P = P_{W1} - P_{WH} = \dot{m}\,\Delta h_N = P_{W1}\frac{\eta_{T1}-\eta_H}{\eta_{T1}} \qquad (19)$$

und die grösste abgegebene Wärmeleistung beträgt:

$$Q = Q_{max} = D_1\,(1 - \eta_H) \qquad (20)$$

- Allgemeiner Fall:

Im Bild 4.4.2 entspricht ein beliebiger Punkt auf der Geraden mit den Koordinaten Q und P_W dem allgemeinen Fall. Es gelten die Gleichungen (2) bis (8). Bei vorgegebenen Enthalpien ist der Punkt durch $\dot{m}$ und $\dot{m}_q$ festgelegt. Verglichen mit dem Grenzfall 1 ist der Leistungsausfall auf der Welle δP_W mit den Gleichungen (3), (7) und (9) ausdrückbar:

$$\delta P_W = P_{W1} - P_W = \dot{m}_Q\,\Delta h_N = Q\frac{\eta_{N1}}{1-\eta_H} \qquad (21)$$

Die mit dem Frischdampf der Turbine zuzuführende Leistung für die Erzeugung der elektrischen Leistung P_W und der Wärmeleistung Q beträgt:

$$D = \frac{P_{W1}}{\eta_T} = \frac{P_W+\delta P}{\eta_T} = \frac{1}{\eta_T}\left(P_W+Q\frac{\eta_{N1}}{1-\eta_H}\right) \qquad (22)$$

Es ist zu beachten, dass P_W und Q miteinander gebunden sind. Bei gegebenem D und einem verlangten Q gibt es für P_W ein Maximum, das nicht überschreitbar ist. Ebenso bedingt ein vorgegebenes P_W für Q eine obere Grenze. Wir wollen diesen Wert mit Q^* bezeichnen. Man kann also nicht gleichzeitig die Spitzenwerte der beiden Energiearten befriedigen. Will man diese decken, so müssen zusätzliche Werke - für die Elektrizität ein Spitzenkraftwerk und für die Wärme ein Heizwerk - erstellt werden (siehe auch Abschnitt 4.7).

Es wird mittels η_K die Brennstoffleistung und mittels η_E die an das Netz abzugebende elektrische Leistung eingeführt.

$$B = \frac{D}{\eta_K} = \frac{1}{\eta_K \, \eta_T} \left(\frac{P_E}{\eta_E} + \frac{\eta_{N1}}{1 - \eta_H} \, Q \right) \qquad (23)$$

oder auch mit der folgenden Gleichung ausgedrückt:

$$B = \frac{P_E}{\eta_{tot}} + \frac{\eta_E \, \eta_{N1}}{\eta_{tot} \, (1 - \eta_H)} \, Q \qquad (24)$$

Das ist die Grundgleichung für die Wirtschaftlichkeitsberechnungen. Die Abhängigkeiten sind linear, aber die Koeffizienten stark verschieden: jener der elektrischen Leistung ist von der Grössenordnung von 2,5 bis 3, während derjenige für die Wärme nur etwa 1/3 beträgt. Man benötigt also für die elektrische Leistung 8- bis 10mal mehr Primärenergie als für die gleiche Wärmeleistung.

4.4.3 Wirtschaftlichkeitsbetrachtungen

Die Wirtschaftlichkeitsberechnungen der Kraftwerke lassen sich nicht nach einer gemeinsamen Schablone durchführen, sind doch die betrieblichen und die wirtschaftlichen Voraussetzungen äusserst mannigfaltig. Hiezu einige Gedanken:

- Es sind verschiedene Betriebsbedingungen denkbar wie Inselbetrieb oder Inselbetrieb mit Hilfswerken oder auch Verbundbetrieb mit einem grossen Netz. Diese Varianten sind sowohl bei einem rein elektrischen Kraftwerk wie auch bei einem Heizkraftwerk denkbar.

- Zu unterscheiden sind Elektrizitätswerk und Heizkraftwerk, wobei verschiedene Arten der einzelnen Werke möglich sind (Grundlastwerk, Spitzenlastwerk usw) (Der Sinnbegriff von "Art" ist in Abschnitt 4.6 eingehend behandelt.)

- Die Wirtschaftlichkeitskriterien können verschieden sein.

- Die Zeitdauer, für welche die Berechnungen durchzuführen sind, können für ein oder mehrere Jahre oder bis zum Abbruch des Kraftwerkes vorgesehen werden.

- Die Frage des Standortes spielt eine Rolle, insbesondere bei Heizkraftwerken, bei denen der Wärmetransport mit in die Berechnungen einbezogen werden muss.

- Schliesslich bleibt es offen, ob ein Elektrizitätswerk oder ein Heizkraftwerk in sich optimiert werden soll oder ob die von aussen aufgezwungenen Betriebsbedingungen für die Wirtschaftlichkeitsberechnungen massgebend sind.

Es würde natürlich den Rahmen dieses Buches sprengen, wollte man allgemein gültige Formeln herleiten, die für alle Varianten anwendbar wären. Notgedrungen beschränken wir uns auf die Optimierung eines Heizkraftwerkes.

Anlehnend an den Abschnitt 2.4.2 leiten wir die Gewinnfunktion für die Dauer eines Betriebsjahres eines Heizkraftwerkes her. Gemäss der Formel (2.9) des genannten Abschnittes ist der Gewinn G gleich dem Ertrag E, abzüglich der Aufwendungen A.

$$G = E - A$$

Um den Ertrag bestimmen zu können, müssen die beiden jährlich geordneten Lastdiagramme, für die an das elektrische Netz abgegebene Leistung P_E und für die abgegebene Wärmeleistung Q bekannt sein (vgl. Bild 4.4.3 und 4.4.4). Die erzeugte elektrische Arbeit L und Wärmemenge W erhält man durch die Zeitintegrale:

$$L = \int_{1a} P_E \, dz \qquad (25a)$$

$$W = \int_{1a} Q \, dz \qquad (25b)$$

Die Maximalwerte der beiden Diagramme sind durch den Verbrauch und nicht durch die Kraftwerke bestimmt. Zu beachten ist, dass $\overset{*}{Q}_{max} \neq Q_{max}$.

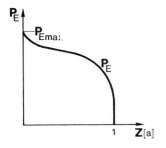

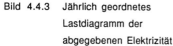

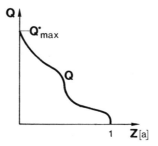

Bild 4.4.3 Jährlich geordnetes
Lastdiagramm der
abgegebenen Elektrizität

Bild 4.4.4 Jährlich geordnetes
Lastdiagramm der
abgegebenen Wärme

Wird für die Einheit der elektrischen Arbeit y_E und für die Einheit der Wärme y_W bezahlt, so ist der jährliche Erlös:

$$E = y_E L + y_W W \qquad (26)$$

Die jährlich massgebenden Aufwendungen A bestehen aus dem auf das Jahr anfallenden Anteil des investierten Kapitals Y und aus den jährlichen Betriebs-(Brennstoff-)Kosten B.

Die jährlichen Kapitalkosten Y_j sind mit dem Tilgungsfaktor ψ:

$$Y_j = \psi Y \qquad (27)$$

Für die Berechnung der Brennstoffkosten dient die Gl. (24), die mit der Abkürzung:

$$\alpha = \frac{\eta_E \, \eta_{N1}}{(1-\eta_H)} \qquad (28)$$

und durch die Einführung von w, dem totalen Wärmeverbrauch, hat die Gleichung die Form:

$$B = w \, (P_E + \alpha \, Q) \qquad (29)$$

Um von den Leistungen auf die jährliche elektrische Arbeit und auf die Wärmemenge zu kommen, muss die obige Gleichung integriert werden. Man erhält so die jährlich dem Kessel durch den Brennstoff zugeführte Wärmemenge, durch die Formel:

$$W_B = \int_{1a} B_r \, dz = w \, (L + \alpha \, W) \qquad (30)$$

Es wurden die Gleichungen (25) benutzt und vorausgesetzt, dass niemals ein zeitliches Zusammenfallen von nicht erfüllbaren Belastungen beider Arten vorkommt. Diese Möglichkeit ist zwar nicht ganz auszuschliessen, hat aber eine geringe Wahrscheinlichkeit; zudem wirkt sie sich auf das Resultat nicht massgebend aus.

Die jährlichen Brennstoffkosten B betragen mit dem Einheitspreis y_B

$$B = y_B \, W_B \qquad (31)$$

Setzt man nun die einzeln errechneten Werte in die Grundgleichung (2.9) für den jährlichen Gewinn G ein, so ergibt sich:

$$G_j = y_E \, L + y_W \, W - \left[\psi \, Y + y_B \, w \, (L + \alpha \, w) \right] \qquad (32)$$

oder umgeformt:

$$G_j = A_E \left(y_E - \frac{y_B}{\eta_{tot}} \right) + W \left(y_W - \frac{y_B \, \alpha}{\eta_{tot}} \right) - \psi \, Y \qquad (33)$$

Mit der Einführung der auf die maximale Leistung bezogenen jährlichen Benützungsdauer - die in der Umgangssprache kurz auch Vollaststundenzahl genannt wird - nämlich Z_E und die auf die entsprechende Wärme mit Q^*, sowie die Nutzungsdauer Z_W, wird:

$$G_j = P_{max} \, Z_E \left(y_E - \frac{y_B}{\eta_{tot}} \right) + \overset{*}{Q}_{max} \, Z_W \left(y_W - \frac{y_B \, \alpha}{\eta_{tot}} \right) - \psi \, Y \qquad (34)$$

Um auf den Barwert zu kommen, wird die Gleichung mit ψ durchdividiert, und man erhält so den Kapitalwert G des jährlichen Gewinnes:

$$G = \frac{G_j}{\psi} = P_{max} \left[\frac{Z_E}{\psi} \left(y_E - \frac{y_B}{\eta_{tot}} \right) \right] + \overset{*}{Q}_{max} \left[\frac{Z_W}{\psi} \left(y_W - \frac{y_B \, \alpha}{\eta_{tot}} \right) \right] - Y \qquad (35)$$

Der Ausdruck in der ersten eckigen Klammer ist identisch mit demjenigen in Abschnitt 3.7.3 hergeleiteten Paritätsfaktor $\bar{b}$, wenn auch für die gleichen Begriffe verschiedene Symbole stehen.

Analog lässt sich die zweite eckige Klammer als Paritätsfaktor der Wärmeleistung definieren, nämlich:

$$\bar{b}_W \equiv \frac{z_W}{\psi} \left(y_W - \frac{y_B \, \alpha}{\eta_{tot}} \right) \qquad (36)$$

Mit diesen Paritätsfaktoren erhält die Gleichung (35) die sehr einfache Form:

$$G = \bar{b} \, P_{max} + \bar{b}_W \, \overset{*}{Q}_{max} - Y \qquad (37)$$

Dieser Zusammenhang kann als allgemeine Basisgleichung für die Wirtschaftlichkeitsbetrachtungen, insbesondere für Optimierungen, angesehen werden. Wir hatten die Wirkungsgrade als lastunabhängig vorausgesetzt, was nur in beschränktem Masse stimmt, aber für eine übersichtliche Herleitung nötig war. Man kann die Wirkungsgrade als Mittelwerte für verschiedene Belastungen betrachten.

4.5 Vergleich zweier Kraftwerkofferten

Jeder gewissenhafte Leiter eines Unternehmens, so ein Kraftwerkleiter, hat die Pflicht, sein Geschäft möglichst gut zu führen. Insbesondere muss er bei grossen Anschaffungen Vorsicht walten lassen. Um sicher zu sein, wird er mehrere Offerten verlangen, damit er durch deren Vergleich die wirtschaftlichste Lösung für seine Anlage findet. Wenn es bloss um einen Vergleich des Preises geht, so ist die Sache einfach. Wenn aber die Offerte mehr als eine Variable hat, wird der Vergleich problematisch.

Wir wollen versuchen, zwei Kraftwerke zu vergleichen, bei denen zwei Variable zu beachten sind. Mit dieser Lösung sind dann alle Lösungen von derartigen Problemen vorweggenommen.

Zu bestimmen ist, welches von zwei angebotenen Kraftwerken das wirtschaftlich günstigere ist. Sie werden folgendermassen bezeichnet, wobei die Abweichungen der Bestimmungsdaten nicht sehr gross sind:

Kraftwerk	1	2
Nennleistung	P_{10}	P_{20}
Gesamtwirkungsgrad	η_1	η_2
Kaufpreis	K_1	K_2

Ohne Einschränkung der Allgemeinheit setzen wir $P_{20} > P_{10}$, oder:

$$P_{20} - P_{10} = \Delta P \qquad (1)$$

Gegeben wird ein jährlich geordnetes Lastdiagramm mit P_{20} als maximale Last (vgl. Bild 4.5.1). Die Zusatzleistung, die im Falle 1 benötigt wird, ΔP, muss aus fremder Quelle erzeugt werden. Man benötigt sie für die Dauer von h_2. Die Zusatzarbeit ist:

$$A = \Delta P \, h_2 \qquad (2)$$

Die Einheit der elektrischen Arbeit, die u.U. eingekauft werden muss, bezeichnen wir mit y_A Die Energie im Brennstoff wird mit y_B angegeben.

Die Wirkungsgrade η_1 und η_2 sind Konstanten. Sie gelten für den ganzen Prozess, vom Brennstoff bis zur abgegebenen elektrischen Arbeit, und hängen nicht vom Lastzustand ab.

Die jährliche Gesamtarbeit, inklusive ΔA, beträgt gemäss Bild 4.5.1 und mit h als gewogene Zeit:

$$A = \int P \, dz = P_{20} \, h \qquad (3)$$

Wir wollen beide Kraftwerke über das Wirtschaftlichkeitskriterium 1 vergleichen und so feststellen, welches von beiden wirtschaftlich vorteilhafter ist. Wir bilden zu diesem Zweck die totalen jährlichen Aufwendungen M_{j1}. Diese betragen für das Kraftwerk 1:

$$\begin{aligned}
M_{j1} &= y_B \frac{A - \Delta A}{\eta_1} + \Delta A \, y_A + \psi \, K_1 \\
&= y_B \frac{A}{\eta_1} + \left(y_A - \frac{y_B}{\eta_1} \right) \Delta A + \psi \, K_1 \qquad (4)
\end{aligned}$$

und für das Kraftwerk 2:

$$M_{j2} = y_B \frac{A}{\eta_2} + \psi \, K_2 \qquad (5)$$

Die jährlichen Mehrkosten des Kraftwerkes 2 gegenüber dem Kraftwerk 1 betragen:

$$\Delta M_j = M_{j2} - M_{j1} \qquad (6)$$

Indem wir die Ausdrücke für die Kraftwerke explizit einführen, erhält man:

$$\Delta M_j = y_B \left(\frac{1}{\eta_2} - \frac{1}{\eta_1}\right) A - \left(y_A - \frac{y_B}{\eta_1}\right) \Delta A + \psi (K_2 - K_1) \qquad (7)$$

In kapitalisierter Form hat man:

$$\Delta M = \frac{\Delta M_j}{\psi} = \frac{y_B}{\psi} \left(\frac{1}{\eta_2} - \frac{1}{\eta_1}\right) A - \frac{1}{\psi}\left(y_A - \frac{y_B}{\eta_1}\right) \Delta A + (K_2 - K_1) \qquad (8)$$

Wir machen noch folgende Aenderungen: Wir drücken die Arbeit durch die Leistung aus:

$$P_{20} h = A \qquad (9)$$

wobei h eine mittlere Arbeitszeit bedeutet. Die Differenz der Kaufpreise ersetzen wir durch ΔK

$$K_2 - K_1 = \Delta K \qquad (10)$$

diejenige der Wirkungsgrade durch $\Delta\eta$:

$$\eta_2 - \eta_1 = \Delta\eta \qquad (11)$$

und nachdem $\Delta\eta \ll \eta$ ist, kommen wir auf

$$\frac{1}{\eta_2} - \frac{1}{\eta_1} = \frac{-\Delta\eta}{\eta_2(\eta_2+\Delta\eta)} \approx \frac{-\Delta\eta}{\eta^2} \qquad (12)$$

Wir führen diese Aenderungen in die Gleichung (8) ein und erhalten:

$$\Delta M = -P_{20} \frac{y_B h \Delta\eta}{\psi \eta_2^2 \eta_2} - \Delta P \frac{h_2}{\psi}\left(y_A \frac{y_B}{\eta_1}\right) + \Delta K \qquad (13)$$

Das ist die Resultatgleichung, die uns erlaubt, über die Kraftwerke eine Aussage zu machen. Ist nun $\Delta M > 0$, dann ist das Kraftwerk 1 wirtschaftlich wertvoller, ist hingegen $\Delta M < 0$, so ist es das Kraftwerk 2.

Wir wollen die Aussage sofort an zwei Kraftwerken prüfen. Es seien folgende Werte angenommen:

P_{10} = 470 MW $\qquad\qquad$ P_{20} = 500 MW

η_1 = 0,285 $\qquad\qquad\qquad$ η_2 = 0,3

K_1 = 470'000 . 500 Fr $\qquad$ K_2 = 500'000 . 600 Fr

y_A = 0,1 . 8760 Fr/kW Jahr $\quad$ y_B = 0,01 . 8760 Fr/kW Jahr

h_1 = 0,6 $\qquad\qquad\qquad$ h_2 = 0,15

ψ = 0,1

(Man wundere sich nicht, dass die bekannten Einheitspreise mit 8760, das sind die Anzahl Stunden im Jahr, zu multiplizieren sind. Alle Werte müssen auf die gleiche Dimension gebracht werden. Sonst wäre die Rechnung nicht korrekt und die Resultate wären falsch.)

Die Gleichung ergibt:

$$\Delta M = -43{,}8 \cdot 10^6 - 25{,}6 \cdot 10^6 + 65 \cdot 10^6 = -4{,}4 \cdot 10^6 < 0$$

Das Resultat ist negativ, also ist das Kraftwerk 2 vorteilhafter. Hätten wir aber den Preis erhöht, z.B. auf etwa 500'000 . 650 Fr, dann wäre der 3. Term grösser, der Gesamtausdruck positiv und das Kraftwerk 1 wäre zu bauen.

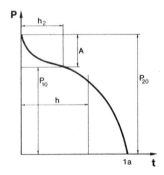

Bild 4.5.1: Das jährlich geordnete Lastdiagramm, mit P_{20} als maximale Spitze.

4.6 Ausbau eines wirtschaftlich optimalen elektrischen Energieversorgungsnetzes

Der Ausbauplan eines elektrischen Versorgungsnetzes ist wirtschaftlich richtig, wenn das Netz die Energiebedürfnisse während der ins Auge gefassten Zeitperiode jederzeit zu decken vermag, ohne dass Kapital in wenig ausgenützten Anlagen brach liegt. Das entwickelte Rechenverfahren ermittelt aus der Vielzahl der Möglichkeiten die wirtschaftlich beste Lösung; es bestimmt alle Daten des Ausbauplanes, d.h. die Leistung, die Art und den Zeitpunkt des Einsatzes der zu erstellenden Kraftwerke, ausserdem informiert sie ausdrücklich über deren Auslastung sowie über die zu erwartenden Kosten.

4.6.1 Aufgabestellung

Ein langfristiges Ausbauprojekt eines elektrischen Energieversorgungsnetzes kann mit schwerwiegenden Konsequenzen belastet sein. Man läuft Gefahr, einerseits Energiebedürfnisse, d.h. die vom Netz verlangte Leistung nicht befriedigen zu können, andererseits Kapital - und dazu recht beträchtliche Summen - frühzeitig, somit zum Teil nicht nutzbringend, investiert zu haben. Dieses Problem beschäftigt seit vielen Jahren die Fachkreise, wurde an Weltkraftkonferenzen behandelt und ist heute noch immer aktuell. In der letzten Zeit wachsen sogar die Schwierigkeiten, denn früher dauerte der Bau eines Kraftwerkes von der Beschlussfassung bis zur Inbetriebsetzung etwa 5 Jahre. Heute muss - insbesondere wegen langwierigen Genehmigungsverfahren - mit einer Bauzeit von 10 Jahren oder noch mehr gerechnet werden.

In der vorliegenden Abhandlung werden die Grundrisse eines Rechenverfahrens beschrieben, das den Leitern der Energieversorgungs-Unternehmen ermöglicht, ihre Entscheidungen über den Ausbau des Netzes aufgrund objektiver Erwägungen mit der Zielsetzung maximaler Wirtschaftlichkeit zu treffen. Die Ueberlegungen und Berechnungen stellen klar:

-Den nötigen Zeitpunkt der Einsatzbereitschaft, die Leistung und die Art der neu zu errichtenden Kraftwerke (Blockeinheiten);

-Die Prinzipien, nach welchen die bestehenden und die zu bauenden Kraftwerke betrieben werden sollen, um für das ganze Netz während der ganzen Ausbauperiode maximale Wirtschaftlichkeit zu erreichen.

Nachdem die Erlöse nicht bekannt sind, aber auch nicht von der Ausbauweise des Netzes abhängen, bedeutet die Forderung nach maximaler Wirtschaftlichkeit die Erfüllung des in Abschn. 3.3.3 postulierten Kriteriums 2, d.h.: die Gestehungskosten der zu erzeugenden elektrischen Energie sollen minimal sein. (Physikalisch korrekt müsste es "die zu erzeugende elektrische Arbeit" heissen; indessen verwenden wir das in der Umgangssprache gebräuchliche Wort Energie statt Arbeit.)

Unter Leistung eines Kraftwerkes soll dessen maximale Netto-Klemmenleistung verstanden werden. Die Art des Kraftwerkes ist ein Kurzausdruck für seine durch Wirtschaftskennzahlen charakterisierte Qualifikation. Die Wirtschaftskennzahlen des Kraftwerkes sind:

- die auf die Leistung bezogenen spezifischen Investitionskosten und
- die auf die erzeugte Arbeit bezogenen spezifischen Brennstoffkosten.

So haben z.B. Spitzenkraftwerke (Gasturbinen) relativ kleine spezifische Investitionskosten, dafür erhöhte spezifische Brennstoffkosten; auf der andern Seite haben nukleare Kraftwerke hohe Investitionskosten und relativ kleine Betriebskosten.

Das Rechenverfahren wird - um die Verständlichkeit zu fördern - Schritt um Schritt hergeleitet, eigentlich in denselben Etappen wie das ganze Theorem seinerzeit entstanden ist. Die Titel der Unterabschnitte zeigen diesen Werdegang. Um den Rahmen nicht zu sprengen, war es nötig, sich auf die Anführung der wichtigsten Grundlagen und auf den Gedankengang zu beschränken.

Es ist noch zu bemerken, dass eine allzugrosse Genauigkeit der Resultate nicht angestrebt werden kann, erstens und hauptsächlich, weil die geschätzten Ausgangsdaten zwangsläufig mit Fehlern behaftet sind, zweitens, weil durch die Berücksichtigung von allzuvielen Einflussgrössen die mathematische Behandlung des ohnehin sehr komplexen Problems sehr schwerfällig und unübersichtlich wird.

Trotz der beschränkten Genauigkeit dürfte aber die These gelten: Der statistische Wirtschaftserfolg des Netzes wird besser sein, wenn der Planung konsequent angewendete, technisch-wirtschaftlich sinnvolle Prinzipien zugrunde liegen, als wenn man die einzelnen Anlagen jeweils nur von Fall zu Fall auslegt, ohne die zukünftige Entwicklung zu berücksichtigen.

4.6.2 Definitionen und Voraussetzungen

Als Wirtschaftlichkeitsforderung nehmen wir - wie bereits erwähnt - das Kriterium 2, ausgedehnt auf das ganze Netz, d.h. auf alle Kraftwerke und zeitlich auf die ganze Ausbauperiode. Die Aufwendungen bestehen aus festen und aus betriebsabhängigen Kosten.

Die festen Kosten umfassen im wesentlichen das investierte Kapital sowie den kapitalisierten Wert der sonstigen, von der erzeugten Energie unabhängigen Ausgaben. Die auf die Nennleistung eines Kraftwerkes bezogenen festen Kosten werden spezifische Investitionskosten genannt, sind mit k bezeichnet und für je ein Kraftwerk konstant. Den jährlichen Anteil der spezifischen Investitionskosten erhält man mit Multiplikation mit dem Tilgungsfaktor ψ und betragen somit ψ k.

Die betriebsabhängigen Kosten umfassen im wesentlichen die Brennstoffkosten, ausserdem sonstige, von der erzeugten Energie abhängige Ausgaben. Die spezifischen Betriebskosten werden mit q bezeichnet und sind für je ein Kraftwerk konstant. Die jährlichen, abhängigen Kosten sind das Produkt der spezifischen Betriebskosten mit der jährlich erzeugten Energie. Damit ist implizite der Mittelwert des Anlagewirkungsgrades als konstant vorausgesetzt.

Für die Betrachtungen benötigen wir das Lastdiagramm des Netzes , vorteilhafterweise das jährliche, geordnete Lastverteilungsdiagramm (Bild 4.6.1). Abszisse ist die Zeit t, sie endet bei 1 Jahr (a). Auf der Ordinate ist die Leistung (P) aufgetragen. Die Ablesung an einem beliebigen Punkt A der Kurve bedeutet, dass für die Zeitdauer entsprechend der Abszisse t_1 vom Netz eine Leistung verlangt wird, die grösser oder höchstens gleich der Leistung P_1 ist.

Für die folgenden Berechnungen führen wir zur Bezeichnung der Leistungen die Symbole entsprechend der Bild 4.6.2 ein. Die Leistungen der einzelnen Kraftwerke sind mit P_1^*, P_2^*...P_n^* bezeichnet, während die Bezeichnungen P_1, P_2...P_n den aufsummierten Leistungen entsprechen. Es ist also:

$$P_i = \sum_{j=1}^{i} P_j^* \quad \text{oder}$$

$$P_i^* = P_i - P_{i-1} \quad \text{und} \quad P_n = \sum_{j=1}^{n} P_j^* \quad (1)$$

Einem Kraftwerk mit der Leistung P_i^* entsprechen die Wirtschaftskennzahlen q_i und k_i.

Die erzeugte Arbeit (W) wird mit entsprechenden Indizes bezeichnet. Zu ihrer Berechnung gilt P als freie Variable und t als deren Funktion. Für W werden folgende Integrale gebildet:

$$W(P_i) \equiv W_i = \int_0^{P_i} t(P) \, dP \qquad \text{und}$$

$$W_i^* = \int_{P_{i-1}}^{P_i} t(P) \, dP \qquad \text{oder} \quad (2)$$

$$W_i^* = W_i - W_{i-1}$$

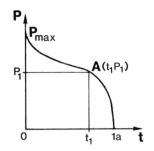

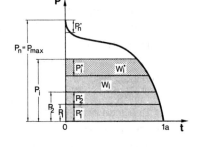

Bild 4.6.1: Jährlich geordnetes Lastdiadiagramm eines Energieproduktions- und Verteilnetzes (qualitative Darstellung)

P = Leistung

t = Zeit, die sich bis zu 1 Jahr a erstreckt

A = Beliebiger Punkt zur Zeit t_1

Bild 4.6.2: Darstellung der Leistungen P und der erzeugten Arbeit W im geordneten Jahreslast diagramm

Erklärung der Symbole im Text

4.6.3 Bestehendes Netz

Für die Betriebsführung eines bestehenden Netzes sind nur die q-Werte der einzelnen Kraftwerke massgebend. Die durch die k-Werte charakterisierten, festen Kosten bestehen definitionsgemäss unabhängig von der Art und Weise des Betriebes der einzelnen Kraftwerke, kommen also für die Entscheidungen der Betriebsführung nicht in Betracht. Weniger allgemein gesagt heisst dies: sind für eine Kraftwerkanlage feste Kosten, z.B. Verzinsung und Amortisation des Kapitals, zu entrichten, so sind diese unabhängig davon zu leisten, ob die Anlage stillsteht oder während des ganzen Jahres mit Vollast läuft.

Um das Minimum der Betriebskosten zu erhalten, müssen die Kraftwerke mit jährlichen, geordneten Lastdiagrammen in der Reihenfolge wachsender Werte von q arbeiten. Dies besagt, dass die Kraftwerke mit den niedrigsten spezifischen Betriebskosten am längsten in Betrieb stehen sollen, jene mit dem nächsthöheren q-Wert mit der darauffolgenden kürzeren Betriebsdauer usw.

4.6.4 Neu zu erstellendes Netz

Gegeben ist das jährliche, geordnete Lastdiagramm entsprechend Bild 4.6.2. Für die Versorgung dieses Netzes kommen Kraftwerkarten in Betracht, die durch die spezifischen Kennzahlen $q_1 < q_2 < ... < q_i < ... < q_n$ und $k_1 > k_2 > ... > k_i > ... > k_n$ charakterisiert sind. Ein mit Index i bezeichnetes Kraftwerk, bei welchem $k_i > k_{i+1}$ und $q_i > q_{i+1}$ ist, scheidet offenbar aus der Betrachtung gänzlich aus. Es ist ungünstiger sowohl in der Investition als auch in der Energieerzeugung.

Zu bestimmen sind die Nennleistungen der einzelnen Kraftwerke P_1^*, P_2^*...P_n^* und deren Art, so dass das vereinbarte Wirtschaftlichkeitskriterium erfüllt sei.

Das Kraftwerk i mit der Nennleistung $P_i^* = P_i - P_{i-1}$ kostet investitionsmässig $k_i(P_i - P_{i-1})$ und erzeugt die Arbeit W_i^* zum Einheitspreis q_i.

Der jährliche Aufwand M_i für das Kraftwerk i lässt sich durch den Ausdruck darstellen:

$$M_i = \psi_i k_i P_i^* + q_i W_i^* \qquad (3)$$

Der Gesamtaufwand pro Jahr M , geltend für alle n Kraftwerke, die die Gesamtarbeit
$$W = \int_0^{P_{max}} t(P)\, dP$$ erzeugen, lässt sich schreiben:

$$M = \sum_{i=1}^{n} \psi_i k_i (P_i - P_{i-1}) + \sum_{i=1}^{n} q_i \int_{P_{i-1}}^{P_i} t(P)\, dP \qquad (4)$$

Wir suchen in dieser Funktion, alle P_i-Werte so zu bestimmen, dass M zu einem Minimum wird, was dem wirtschaftlichen Optimum entspricht. Zu diesem Zweck ist die Funktion nach allen unabhängigen Variablen P_i abzuleiten, und die Ableitungen sind gleich Null zu setzen.

$$\frac{\partial M}{\partial P_i} = 0 \qquad (5)$$

Nach Durchführung dieser Operation erhält man n Gleichungen, von der Form:

$$(\psi_i k_i - \psi_{i+1} k_{i+1}) + (q_i - q_{i+1})\, t(P_i) = 0 \qquad (6)$$

Dabei bedeutet $t(P_i)$ jene Zeit, d.h. jenen Teil des Jahres, welcher im geordneten Lastdiagramm der Leistung P_i entspricht. Nachdem jede Gleichung nur eine Unbekannte enthält, lässt sich das Gleichungssystem sehr einfach lösen, und es ergibt sich für jede Kraftwerkart die Gleichung:

$$t(P_i) = \frac{\psi_i k_i - \psi_{i+1} k_{i+1}}{q_{i+1} - q_i} \qquad (7)$$

Die im betrachteten Netz am wirtschaftlichsten arbeitenden Kraftwerke sind über die Leistungen P_1 und P_2 zu ermitteln.

Aus dem Belastungsdiagramm liest man jenen P_i-Wert ab, der der berechneten Zeit $t(P_i)$ entspricht. Sind nun alle P_i-Werte bestimmt, so berechnen sich die Nennleistungen zu:

$$P_i^* = P_i - P_{i-1} \qquad (8)$$

Somit ergibt sich eine sehr einfache und eindeutige Methode, um die Nennleistungen der Anlagen zu bestimmen. Es kann dabei vorkommen, dass gewisse Kraftwerkarten ausscheiden und als unwirtschaftlich nicht in Betracht gezogen werden.

Zahlenbeispiel:

Gegeben ist das geordnete, jährliche Lastdiagramm, entsprechend Bild 4.6.3; drei Kraftwerkarten sind verfügbar, charakterisiert durch die Wirtschaftskennzahlen:

Art 1	k =100 GE/kW	q = 15 GE/kWa
Art 2	k = 86 GE/kW	q = 17 GE/kWa
Art 3	k = 56 GE/kW	q = 47 GE/kWa

Die Summe der Leistungen sämtlicher Kraftwerke soll 1000 MW betragen; der Faktor ψ = 0,1/a gilt für alle Kraftwerke. (GE bedeutet Geldeinheit.)

Durch Anwendung der Formel (7) ergeben sich die jährlichen Zeitanteile:

$$t(P_1) = 0,1\frac{100 - 86}{17 - 15} = 0,7$$

$$t(P_2) = 0,1\frac{86 - 56}{47 - 17} = 0,1$$

Mit diesen Werten liest man im Diagramm folgende zugehörige Leistungen ab:

$P_1 = 470$ MW
$P_2 = 810$ MW
$P_3 = 1000$ MW

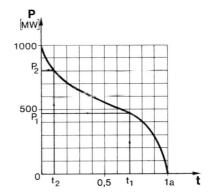

Bild 4.6.3 Quantitativ, geordnetes
Jahreslastdiagramm
zum Zahlenbeispiel

woraus sich die Leistungen der einzelnen Anlagen:

$P_1^* = 470$ MW
$P_2^* = 340$ MW
$P_3^* = 190$ MW   ergeben.

Man sieht aus dem Resultat, dass jede Kraftwerkart mit einer ganz bestimmten, vorausberechenbaren Leistung gebaut werden muss, um optimale Gesamtwirtschaftlichkeit zu erreichen.

4.6.5 Erweiterung eines bestehenden Netzes

Ein bestehendes elektrisches Versorgungsnetz wird durch n Kraftwerke verschiedener Art gespeist. Man erwartet für einen späteren Zeitpunkt einen erhöhten Leistungsbedarf mit dem

Spitzenwert P_{max}. Die bestehenden n Kraftwerke verfügen insgesamt über die Leistung $\sum\limits_{i=1}^{n} P_i^*$.

Es muss also bis zum fraglichen Zeitpunkt ein neues Kraftwerk mit der Leistung

$$P = P_{max} - \sum_{i=1}^{n} P_i^* \qquad (9)$$

gebaut werden. In P_{max} können die Betreiber eine angemessene Reserve vorsehen.

Für den Ausbau können Kraftwerke verschiedener Art in Frage kommen, die durch die Kennzahlen (q_a, k_a), (q_b, k_b), (q_c, k_c) usw. charakterisiert sind, wobei $q_a < q_b < q_c$ und $k_a > k_b > k_c$ sind. Es stellt sich die Frage, welche Art von Kraftwerk zum Ausbau gewählt werden soll, um für das ganze Netz die beste Gesamtwirtschaftlichkeit zu erreichen. Die Beantwortung der Frage wird dadurch erschwert, dass mit dem Zuschalten des neuen Kraftwerkes der Arbeitseinsatz von einem Teil der bestehenden Kraftwerke sich ändert und zwar verschieden, je nach der Art des neuen Kraftwerkes. Als Folge dieser geänderten Einsätze werden deren Anteile an der erzeugten Arbeit und am Gesamtaufwand modifiziert.

Um eine Entscheidung treffen zu können, muss der jährliche Gesamtaufwand aller Kraftwerke für jede in Frage kommende Art des neuen Kraftwerkes berechnet und miteinander verglichen werden. Die Aufwendungen bestehen aus Investitions- und Betriebskosten, die getrennt berechnet werden können.

Die Investitionskosten der bestehenden Kraftwerke sind für diese Berechnung nicht relevant, wie das im Unterabschnitt 4.6.3 für das bestehende Netz bereits gesagt wurde. Es kommt nur auf die Investitionskosten K des neuen Kraftwerkes an.

$$K = k\,P\,\psi \qquad (10)$$

Zunächst sind k, die spezifischen Investitionskosten, noch nicht bekannt, werden aber durch die Ermittlung von q mitbestimmt.

Für die Berechnung der Betriebskosten - aller Kraftwerke, samt dem neuen, für 1 Jahr - benützen wir das Lastdiagramm gemäss Bild 4.6.2 Es werden die im Unterabschnitt 4.6.2 mit Hilfe von Bild 4.6.2 definierten Symbole weiter gebraucht. Bezeichnet q die spezifischen Betriebskosten des neuen Kraftwerkes, und ist im allgemeinen Fall $q_i < q < q_{i+1}$, so muss das zu erstellende Kraftwerk mit der Leistung P_1 im geordneten Lastdiagramm zwischen den i-ten und (i+1)-ten Kraftwerken eingeordnet werden. Die Betriebskosten, in dem Falle die

Brennstoffkosten aller Kraftwerke, inkl. des neuen, werden für die Dauer eines Jahres mit folgender Formel erfasst:

$$B = \sum_{j=1}^{j=i} q_j \int_{P_{j-1}}^{P_j} t(P)\, dP + q \int_{P_i}^{P_i+P} t(P)\, dP + \sum_{j=i+1}^{j=n} q_j \int_{P_{j-1}+P}^{P_j+P} t(P)\, dP \quad (11)$$

oder explizit geschrieben:

$$B = q_1\, \overset{*}{W_1} + q_2\, \overset{*}{W_2} + \cdots + q_i\, \overset{*}{W_i} + q\, \overset{*}{W} + q_{i+1}\, \overset{**}{W_{i+1}} + \cdots + q_n\, \overset{**}{W_n}$$

wobei

$$\overset{**}{W_{i+1}} = \int_{P_i+P}^{P_{i+1}+P} t(P)\, dP \quad (11a)$$

ist.

Es ist festzustellen, dass sich die Lage der von 1 bis i numerierten Kraftwerke im Lastdiagramm nicht ändert, jener aber, die Nummer i+1 und höhere tragen, um den Betrag P nach oben verschoben wird.

Somit ist B bestimmt und über q auch der zugehörige k-Wert (siehe Bild 4.6.4). Die gesamten, jährlichen Aufwendungen sind erfasst und betragen:

$$A = B + K \quad (12)$$

Diese Berechnung muss für alle angebotenen Kraftwerkarten durchgeführt werden, und man findet das wirtschaftlich günstigste Kraftwerk, indem man die Lösung mit dem kleinsten A-Wert heraussucht.

Für die praktische Durchführung der Berechnung ist es zweckmässig, aus dem P-t-Diagramm durch Integration ein W-P-Diagramm herzuleiten (Bild 4.6.5).

Das linksstehende, geordnete Lastdiagramm wird etappenweise graphisch integriert und aus den Ergebnissen das rechtsstehende W-P-Diagramm, die Integralkurve, konstruiert. Ein Kraftwerk mit der Leistung $\overset{*}{P_{i+1}}$, das im rechtsstehenden Bild unter der Abszisse angedeutet ist, wird im Netzverband die Arbeit $\overset{*}{W_{i+1}}$ erzeugen, das im Diagramm zu W_i hinzugezählt, den Kurvenpunkt W_{i+1} ergibt.

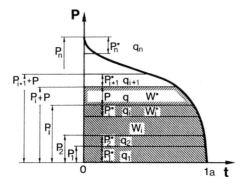

Bild 4.6.4 Einordnung eines neuen Kraftwerkes in das geordnete Jahreslastdiagramm des Netzes

P = Leistung des neuen Kraftwerkes $\quad P_i$ = Leistung aller Kraftwerke von 1 bis i

P_i^* = Leistung des i-ten Kraftwerkes $\quad P_n$ = Gesamtleistung aller Kraftwerke

W_i = Von den Kraftwerken 1 bis i erzeugte jährliche Arbeit

W^* = Vom neuen Kraftwerk erzeugte jährliche Arbeit

q = Spezifische Brennstoffkosten des neuen Kraftwerkes

$q_1 < q_2 < ... < q_i < q < q_{i+1} < ... < q_n$

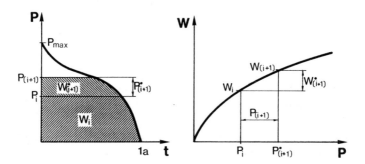

Bild 4.6.5: Links ist die Leistung in Funktion der Zeit, rechts die integrierte Arbeit in Funktion der Last dargestellt.

Jedes neue Kraftwerk mit der Leistung P hat, den seinem q-Wert entsprechenden Platz im Lastdiagramm. Die durch das Kraftwerk erzeugte Arbeit liest man im W-P-Diagramm ab und erhält somit auf einfache Weise:

$$B = \sum q \ W^* \qquad (13)$$

Zahlenbeispiel:

Das Netz besteht aus fünf Kraftwerken, mit folgenden Leistungen und q-Werten:

P_1^*	= 200 MW	q_1	= 12.0 GE/kWa
P_2^*	= 150 MW	q_2	= 15.0 GE/kWa
P_3^*	= 300 MW	q_3	= 16.5 GE/kWa
P_4^*	= 100 MW	q_4	= 20.5 GE/kWa
P_5^*	= 50 MW	q_5	= 25.0 GE/kWa

Total 800 MW

Bekannt ist das jährliche, geordnete Lastdiagramm gemäss Bild 4.6.6. Gegeben ist $\psi = 0,1$ /a, verlangt wird $P_{max} = 1000$ MW. Das neu zu bauende Kraftwerk hat also die Leistung P = 200 MW. Durch Integration erhält man das Diagramm W = W(P) (in Bild 4.6.6).

Für das neue 200 MW-Kraftwerk liegen drei Offerten vor, mit folgenden Kennzahlen:

q_a = 13 GE/kWa	k_a	= 120 GE/kW
q_b = 16 GE/kWa	k_b	= 100 GE/kW
q_c = 30 GE/kWa	k_c	= 70 GE/kW

Das mit Index a bezeichnete Kraftwerk wird im Lastdiagramm an die zweite Stelle zu liegen kommen.

Man kann also für die Betriebskosten schreiben:

	P [MW]	W [MWa]	q [GE/kWa]	q·W [10^6 GE]
1	200	200.0	12.0	2.40
neu	200	195.0	13.0	2.53
2	150	112.5	15.0	1.69
3	300	91.9	16.5	1.52
4	100	5.0	20.5	0.105
5	50	0.6	26.0	0.015

total	8.26

Der jährliche Anteil der Investitionskosten beträgt P k ψ = 200'000·120·0.1   2.40

Somit sind die jährlichen Gesamtkosten $10.66 \cdot 10^6$ GE/a
der Lösung a

Auf ähnliche Weise gerechnet findet man für die

Lösung b $11.00 \cdot 10^6$ GE/a

und für die Lösung c $10.58 \cdot 10^6$ GE/a

Die Lösung b ist eindeutig die ungünstigste, die Lösungen a und c liegen sehr nahe bei einander,
doch ist die Lösung c etwas günstiger.

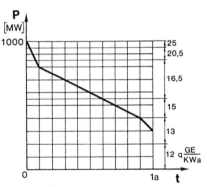

Bild 4.6.6:

Diagramme zum Zahlenbeispiel

Oben: Lastdiagramm für ein Jahr, bis 1000 MW

Unten: Integralkurve des Jahreslastdiagrammes

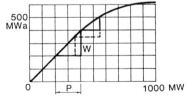

Beispiel zur Auswahl von drei angebotenen
Kraftwerken. Im W - P Diagramm beziehen sich
die ausgezogenen Linien auf die Fälle a und c, die
gestrichelte Linie auf den Fall b.

4.6.6 Langfristiger Netzausbau

Die Theorie des langfristigen Netzausbaues stützt sich auf die in den vorangehenden Abschnitten erarbeiteten Ueberlegungen.

Die Aufgabestellung verlangt für eine vereinbarte Ausbauperiode die Ermittlung der Leistungen, der Art und der Einsatzzeitpunkte von neu zu erstellenden Kraftwerken mit der Bedingung, dass für das ganze Netz und für die ganze Dauer der Ausbauperiode die Aufwendungen minimal sein sollen.

Um die Berechnungen durchführen zu können, müssen bekannt sein:

- Die Leistungen und die spezifischen Betriebskosten der bestehenden Kraftwerke
- Die Wirtschaftskennzahlen der für den Bau in Frage kommenden Kraftwerke
- Die Länge der Ausbauperiode mit vorgegebenem Nullpunkt
- Die Leistungs- und Arbeitsbedarf-Prognosen (inkl. als nötig erachtete Reserven) für jedes Jahr der Ausbauperiode
- Geschätzte allgemeine Wirtschaftsdaten für die Ausbauperiode wie Zinssätze, Brennstoffpreise usw.

Als Nullpunkt der Ausbauperiode gilt der Zeitpunkt der ersten Inbetriebsetzung Das will hoissen, dass der zeitliche Nullpunkt um etwa 5 bis 10 Jahre nach der Gegenwart liegt, entsprechend der langen Zeitspanne, die heute zwischen der Beschlussfassung zum Bau eines Kraftwerkes und deren Inbetriebsetzung nötig ist. In der Vorperiode, von der Gegenwart bis zum zeitlichen Nullpunkt (in Bild 4.6.7 mit $-t_V$ angedeutet), ist kein Eingriff mehr möglich. Ein eventueller Einsatz eines Kraftwerkes während der Vorperiode hätte noch vor der Gegenwart beschlossen werden müssen.

Bild 4.6.7:

Notwendige Netzleistung S und ausgebaute Leistung des Netzes $\sum P$ in Funktion der Zeit t

t_V = Dauer der Vorperiode
t_A = Dauer der Ausbauperiode

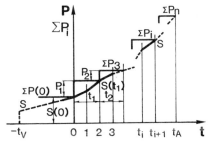

Allenfalls steht die Summe der Leistungen aller Kraftwerke zum zeitlichen Nullpunkt fest, $\sum P(0)$ (Bild 4.6.7). Der für die Ausbauperiode (z.B. 15 Jahre; eine sinnvolle Zeitdauer) prognostizierte, gesamte Leistungsbedarf (die sog. Engpassleistung des Netzes), ist mit dem S bezeichneten Linienzug in der Bild 4.6.7 angedeutet. Im zeitlichen Nullpunkt sind $S(0) = \sum P(0)$. Für die Ausbauperiode gilt als grundlegende Bedingung, dass zu jedem Zeitpunkt:

$$\sum P > S \qquad (14)$$

sein muss. Das wird erreicht, indem Kraftwerke gebaut werden, die bei der jeweiligen Inbetriebsetzung die $\sum P$ erhöhen, und so entsteht der in Bild 4.6.7 angedeutete, treppenförmige Linienzug. Zweckmässigerweise - um die Berechnung zu erleichtern - wählt man die Leistungen der zu bauenden Kraftwerke so, dass die Treppenhöhen die S-Kurve bei Jahresende berühren. So ist z.B. in Bild 4.6.7 mit P_1 das Netz 2 Jahre lang versorgt. Zu Beginn des 3. Jahres muss ein neues Kraftwerk (Block) eingesetzt werden, mit P_2, und so fort für die ganze Ausbauperiode.

Die Rechnung beginnt, indem die Art des Kraftwerkes mit der Leistung P_1 nach dem bereits geschilderten Verfahren bestimmt wird. Gleichzeitig erfolgt die sinnvolle Eingliederung des neuen Kraftwerkes in den Belastungsplan des Netzverbandes. Anschliessend wird das Prozedere der Reihe nach für alle Kraftwerke entsprechend der Treppenkurve durchgeführt. Als letzte Operation werden für das ganze Netz und für die ganze Ausbauperiode alle Aufwendungen, nämlich die Betriebskosten und die auf die Ausbauperiode entfallenden Anteile der Investitionen der neuen Kraftwerke ermittelt, alle Aufwendungen einzeln auf den zeitlichen Nullpunkt eskomptiert und deren Summe gebildet. Das ist der entscheidende Wert für die gewählte Ausbaufolge.

Bisher wurden über die Wahl der Leistungen der einzelnen Kraftwerke (Treppenkurve) keine Aussagen gemacht; die Zeitabschnitte, bzw. die Leistungen wurden willkürlich gewählt. Um die wirtschaftlich beste Lösung finden zu können, müssen alle denkbaren Varianten mit verschiedener Wahl der Zeitabschnitte durchgerechnet werden. Das ist natürlich ein mühsames, langwieriges, mit einem Computer jedoch ohne Schwierigkeiten durchführbares Vorhaben. Durch Vergleich der gesamten Aufwendungen der einzelnen Varianten findet man die Bestlösung, nämlich jene, für welche die Aufwendungen minimal sind.

Die Anzahl der Varianten ist sehr gross, und zwar für eine Ausbauperiode von n Jahren gibt es deren 2^{n-1}. Man kann aber Rechenzeit sparen, wenn man Einschränkungen gelten lässt, wodurch die Zahl der Varianten sehr schnell abfällt. Solche Einschränkungen lassen sich, je nach

Umständen und Grösse des Netzes, verschiedenartig stellen. Man kann z.b. die Zeitabstände zwischen der Inbetriebsetzung von zwei Kraftwerken nach oben oder (und) nach unten begrenzen.

Der Aufwand für die Erstellung eines Rechenprogrammes ist gross, macht sich aber - da es sich um sehr beträchtliche Summen handelt - bezahlt.

Zahlenbeispiel:

Mit einem erstellten Rechenprogramm, mit sehr universalen Anwendungsmöglichkeiten, konnten zahlreiche Fälle für den industriellen Gebrauch durchgerechnet werden. Um das Verfahren einigermassen anschaulich zu machen, geben wir Auszüge aus einem sehr einfachen Zahlenbeispiel.

Die Daten der zum Zeitpunkt Null bestehenden Kraftwerke werden in der Tabelle 1 angegeben. Die zukünftigen, vom Netz geforderten, jährlichen Lastdiagramme wurden so hergeleitet, dass sämtliche Werte des für das 1. Jahr angenommenen Diagrammes Jahr um Jahr um einen angemessenen Prozentsatz (z.b. 3 oder 5 %) erhöht wurden. Die erwarteten Engpassleistungen, m.a.W. die geforderten maximalen Leistungen, sind für eine Ausbaudauer von 15 Jahren in Bild 4.6.8 dargestellt.

Tabelle 1

Nr. des Kraftwerkes	1	2	3	4	5	6	7	8	9	1 0
P Leistung [MW]	600	350	200	200	200	150	100	100	50	50
q spezifische Brenn-stoffkosten GE/kWa*	5 7	6 2	6 5	6 8	7 0	7 5	8 0	8 2	9 0	9 5

* GE = Geldeinheit

Die Daten der für den Bau in Frage kommenden Kraftwerke sind in Tabelle 2 zusammengestellt. Die Leistungsabhängigkeit der spezifischen Investitionskosten wurde mit einer hier nicht wiedergegebenen Formel berücksichtigt.

Tabelle 2

Art des Kraftwerkes				Spez. In-vestitions-kosten k [GE/kW]	Spez. Brennstoff-kosten q [GE/kWa]
Betriebart	Brennstoff	Ausführung	Kraftmaschine		
Grundlast	1 -	-	Wasserturbine	1020	0
	2 Nuklear	Hochgezüchtet	Dampfturbine	700	30
	3 Nuklear	Billig	Dampfturbine	660	35
Mittlere Auslastung	4 Nuklear	Billig	Dampfturbine	470	55
	4 Fossil	Hochgezüchtet	Dampfturbine	470	55
	5 Fossil	Mittelmässig	Dampfturbine	420	62
	6 Fossil	Billig	Dampfturbine	400	75
	6 Fossil	Hochgezüchtet	Gasturbine	400	75
Spitzenlast	7 Fossil	Billig	Dampfturbine	380	85
	7 Fossil	Mittelmässig	Gasturbine	380	85
	8 Fossil	Billig	Gasturbine	370	100

Bild 4.6.8:

Erwartetet Engpassleistungen des Netzes S
in Funktion der Zeit t für eine
Ausbauperiode von 15 Jahren.

Die ausgezogene Treppenlinie entspricht
der Bestlösung, die gestrichelte Linie
gehört zur zweitbesten Lösung.

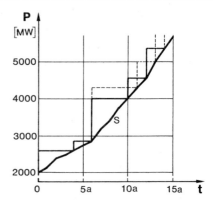

Sonstige Angaben:

Ausbauperiode t_A =15 a

Minimaler Zeitabstand zwischen
zwei Inbetriebsetzungen t_b = 2 a

Maximaler Zeitabstand zwischen
zwei Inbetriebsetzungen t_a = 5 a

Aufzinsungsfaktor p = 1,05

Tilgungsfaktor ψ = 0,10

Die vom Computer berechneten Resultate der zwei besten Lösungen sind in der Tabelle 3
angegeben. Die diesen entsprechenden Treppenkurven sind in Bild 4.6.8 eingezeichnet, und zwar

die beste Lösung mit einem vollausgezogenen Strich und die zweitbeste Lösung mit einer
gestrichelten Linie.

Tabelle 3

	Nr. des Kraftwerks	Zeitpkt. der Inbetrieb-setzung in Jahren nach dem Nullpunkt	Nenn-leistung [MW]	Spez. Brennstoff -kosten [GE/kWa]	Spez. Investi-tionskosten [GE/kWa]	Art der Anlage gemäss Tabelle 2
Beste Lösung	1 1	1	600	30	662	2
	1 2	5	250	85	400	7
	1 3	7	1150	0	865	1
	1 4	1 1	550	62	402	5
	1 5	1 3	800	75	361	6
		(1 5)	(350)			
Zweitbeste Lösung	1 1'	1	600	30	662	2
	1 2'	5	250	85	400	7
	1 3'	7	1450	0	827	1
	1 4'	1 ?	700	/5	369	6
		(1 4)	(700)			

Summe der Aufwendungen für die ganze Ausbauperiode auf den Nullpunkt eskomptiert.

Beste Lösung   1855.9 10^6 GE

Zweitbeste Lösung   1858.5 10^6 GE

Man stellt fest, dass der Computer verschiedene Anlagearten wählt: Wasser- und nukleare
Kraftwerke - aber auch billige Spitzenkraftwerke mit hohen Brennstoffkosten sowie
konventionelle Kraftwerke mit eher mittleren Wirtschaftskennzahlen. Die in Klammern
angeführten Zahlen in der Tabelle haben nur einen rechentechnischen, ergänzenden Charakter
und sind nicht als reelle Resultate zu werten. Die beste Lösung ist etwas billiger als die
zweitbeste. Zieht man aus irgendeinem zahlenmässig nicht erfassbaren Grund die zweitbeste
Lösung vor, so kann aus der Differenz die Grösse des gebrachten Opfers abgeschätzt werden.

In Bild 4.6.9 ist die Einsatzweise der einzelnen Kraftwerke bei der Bestlösung für das beliebig
gewählte 14. Betriebsjahr nach dem zeitlichen Nullpunkt dargestellt, so wie der Computer das
berechnet hat. Die für dieses Jahr erwartete Höchstlast beträgt 4850 MW. In der Abbildung
sind die Kraftwerke von unten an nach zunehmenden q-Werten angeordnet. Die in den einzelnen
Feldern stehenden Zahlen geben die Nummern der Kraftwerke an. Die einzelnen Flächen stellen
die von den betreffenden Kraftwerken im 14. Betriebsjahr erzeugte elektrische Arbeit dar. Man
sieht, dass die neu erstellten Wasser- und nuklearen Kraftwerke, die zu Beginn der
Ausbauperiode bestanden, nur noch für eine beschränkte Zeitdauer eingesetzt werden. Das
bewusst als Spitzenkraftwerk charakterisierte, neu erstellte Werk mit der Nummer 15 trägt

tatsächlich den grössten Teil der Spitzenlast. Die älteren, kleinen Kraftwerke dienen nur noch als Reserve; sie kommen kaum oder gar nicht mehr in Betrieb.

Bild 4.6.9:

Lastdiagramm des willkürlich gewählten 14. Jahres für das gegebene Zahlenbeispiel:

Einordnung der Kraftwerke für die Bestlösung gemäss zunehmenden q-Werten. Die Zahlen in den einzelnen Feldern bezeichnen die Nummern der Kraftwerke. Die Flächen sind proportional der erzeugten elektrischen Arbeit.

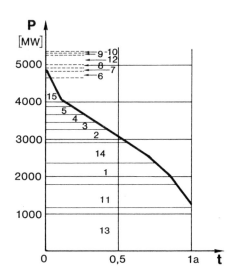

4.7 Simultane Erzeugung von Elektrizität und Wärme
(Die sog. Wärme-Kraft-Koppelung)

Den Wunsch nach rationellem Gebrauch der Primärenergie erfüllt die Wärme-Kraft-Koppelung wirkungsvoll:

Die Einsparung an Primärenergie im Brennstoff, die durch die Wärme-Kraft-Koppelung gegenüber der getrennten Strom- und Wärmeerzeugung erreichbar ist, wird berechnet. Die günstigsten Auslegungsbedingungen eines Versorgungssystems, das sich aus Heizkraftwerk, reinem elektrischem Kraftwerk und reinem Heizwerk zusammensetzt, werden unter Wahrung eines Wirtschaftlichkeitskriteriums behandelt.

4.7.1 Einleitung

Unter den Anregungen, die dem Gebot der Zeit gemäss eine rationelle Nutzung der Primärenergien anstreben, ist von der simultanen Erzeugung von Elektrizität und Wärme in einem Heizkraftwerk, der sog. Wärme-Kraft-Koppelung, der grösste Erfolg zu erwarten. Das Prinzip des Heizkraftwerkes ist einfach und bekannt: Der Dampfturbine, die den Elektrizität erzeugenden Generator antreibt, wird Dampf entnommen, dessen Kondensationswärme das Wasser des Heizsystems erwärmt.

Dieses Versorgungssystem, das gleichzeitig den Bedarf an elektrischer Energie und Wärme für Haushalt und Industrie zu decken vermag,

- ist wirtschaftlich
- beruht auf bekannter Technik und
- kann kurzfristig realisiert werden, wenn die - zwar beträchtlichen, aber nicht unverhältnismässigen - finanziellen Mittel zur Verfügung stehen.

Die sich unmittelbar stellenden Fragen sind: "Wieviel Primärenergie kann erspart werden?" und "Mit welchen Mitteln erreicht man die grösste Ersparnis?"

Bei der analytischen Behandlung der verwickelten Theorie der gekoppelten Systeme war es unumgänglich, einige vereinfachende Annahmen einzuführen. Die Zulässigkeit der letzteren wurde jeweils kritisch erwogen und ihre Auswirkungen auf das Resultat mit jenen Abweichungen in Bezug gesetzt, welche die zwangsweise mit Fehlern behafteten prognostizierten Daten verursachen. Es ist nicht die Absicht, "exakto" Rooultate zu erhalten, sondern ein mathematisches Rüstzeug zu schaffen, um damit Richtlinien festlegen und auch die Auswirkung einzelner Einflussgrössen erkennen zu können. In dem Sinne ist dem gesteckten Ziel mehr gedient, über eine analytisch hergeleitete Theorie - wenn auch mit Näherungen behaftet - zu verfügen, als mit numerischen Einzelrechnungen und Schätzungen zu versuchen, die Auslegungsdaten des Versorgungssystems zu ermitteln.

4.7.2 Berechnung der Einsparung von Brennstoffwärme bei der Wärme -Kraft - Koppelung

Modelle und Wärmeverbrauch

Das für die folgende Betrachtung gewählte Modell besteht:

- bei <u>getrennter Erzeugung</u> aus einem Kraftwerk mit Kondensationsturbine und einem am Verbrauchsort betriebenen Heizsystem (Ofen- oder Zentralheizung, evtl. Heizwerk) (Fall a);

- bei der <u>Wärme-Kraft-Koppelung</u> aus einem Heizkraftwerk mit Anzapfturbine und einem Fernheizsystem (Fall b).

In beiden Fällen sollen die elektrische Leistung P und die Nutzwärmeleistung Q gleich sein.

Der zeitliche Verbrauch an Brennstoffwärme beträgt bei getrennter Erzeugung (Fall a) für die elektrische Leistung:

$$B_{KW} = \frac{P}{\eta_{KW}} \qquad (1)$$

und für die Nutzwärmeleistung:

$$B_W = \frac{Q}{\eta_W} \qquad (2)$$

Es bedeutet η_{KW} den Wirkungsgrad von Brennstoff bis Generatorklemme und η_W jenen der Wärmeerzeugung von Brennstoff bis Verbraucher.

Bei der Wärme-Kraft-Koppelung (Fall b) wird die gleiche Turbogruppe verwendet. Die Turbine erhält zeitlich gleichviel Wärme aus dem Brennstoff(Kessel) wie im Fall a, nur wird ihr durch Anzapfung die zur Erzeugung von Q nötige Wärme entzogen. Wegen der Anzapfung fehlt am Generator die elektrische Leistung ΔP. Um diese zu erzeugen, ist eine zusätzliche Turbogruppe nötig, deren zeitlicher Bedarf an Brennstoffwärme B_z sich ausdrückt:

$$B_z = \frac{\Delta P}{\eta_{KW}} \qquad (3)$$

Offenbar benötigt die gesamte Energieversorgung im Fall a mehr Brennstoffwärme. Die Ersparnis bei Fall b gegenüber Fall a ist:

$$\Delta B = (B)_a - (B)_b = B_W - B_z \qquad (4)$$

Mit den Gleichungen (2) und (3) und bezogen auf die Nutzwärmeleistung erhält man:

$$\frac{\Delta B}{Q} = \frac{1}{\eta_W} - \frac{1}{\eta_{KW}} \frac{\Delta P}{Q} \qquad (5)$$

Es ist nur noch ΔP zu bestimmen.

Schaltung und Dampfströme des Heiz-Anzapfsystems

Die Schaltung der Heiz-Anzapfturbine ist aus Bild 4.7.1 ersichtlich. Es sind n Anzapfstellen vorgesehen (1, 2, ...n), die gleichzeitig der Speisewasservorwärmung und Heizwassererwärmung dienen.

Die Zustandsgrössen des Dampfes am Turbinen-Ein- und Austritt sowie an den Anzapfstellen sind mit dem Druck und der Enthalpie (p, h) gegeben. Im Heizsystem wird der Wassermassenstrom m_W von der Temperatur T_R auf T_V erwärmt.

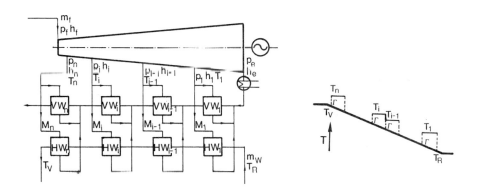

Bild 4.7.1: Heizkraftwerk Teil eines Wärme-schemas. Jeder Vorwärmerstufe VW ist eine Heizstufe HW zugeordnet. Die Stufenzahl ist nicht begrenzt.

Bild 4.7.2: Darstellung der Temperatur-verhältnisse in den einzelnen Heizvorwärmern.

In Bild 4.7.2 ist ein Temperaturdiagramm dargestellt. Die Grädigkeit Γ (Differenz zwischen Sättigungstemperatur des Anzapfdampfes und der Temperatur des Wassers beim Austritt aus der Stufe) wurde für alle Stufen als gleich angenommen. Für jede Stufe kann man über die Wassererwärmung die Wärmebilanz aufstellen, woraus sich die Anzapfströme M_i berechnen lassen, und zwar für die zweite bis n-te Stufe:

$$M_i = \frac{c_W \, m_W}{r_i} (T_i - T_{i-1}) \qquad (6)$$

für die erste Stufe:

$$M_1 = \frac{c_w \, m_w}{r_1} (T_1 - \Gamma - T_R) \qquad (7)$$

Es bedeuten c_w die spezifische Wärmekapazität des Wassers und r_i die Differenz zwischen der Enthalpie des in den Heizvorwärmer eintretenden Dampfes und des herausfliessenden Kondensatwassers: im wesentlichen die Kondensationswärme. Die Temperaturen sind aus der Bild 4.7.2 zu entnehmen.

Für die gesamte, im System an die Heizung übertragene Wärmeleistung gilt:

$$\sum_{i=1}^{n} \Phi_i \equiv \Phi = \sum_{i=1}^{n} M_i r_i \qquad (8)$$

und die Nutzwärme Q erhält man mit η_H:

$$Q = \Phi \eta_H \qquad (9)$$

Der Wirkungsgrad η_H erfasst die Wärmeverluste vom Heizvorwärmer bis zum Verbraucher.

Berechnung der fehlenden elektrischen Leistung

Wegen der Heizdampfentnahmen fehlt ein Anteil der elektrischen Leistung. Für die i-te Anzapfstelle ist der elektrische Leistungsverlust:

$$\Delta P_i = M_i \, \Delta h_{Ti} \, \eta_{Ti} \qquad (10)$$

Das isentropische Enthalpiegefälle vom Druck p_i bis zum Kondensatordruck ist Δh_{Ti} und der die inneren Verluste erfassende Wirkungsgrad η_{Ti}.

Für die Gesamtheit aller Anzapfungen gilt demnach:

$$\Delta P = \sum_{i=1}^{n} \Delta P_i = \sum_{i=1}^{n} M_i \, \Delta h_{Ti} \, \eta_{Ti} \qquad (11)$$

Drückt man in dieser Formel die Dampfströme durch die Gleichungen (6) und (7) aus und führt noch die Abkürzung:

$$\frac{\Delta h_{Ti}\, \eta_{Ti}}{r} \equiv \tau_i \qquad (12)$$

ein, wobei τ_i ein Kennwort für die spezifischen, elektrischen Verluste ist, so ergibt sich der allgemeine Ausdruck für die Leistungsverluste der Turbine:

$$\Delta P = m_W\, c_W \left[(T_1 - \Gamma - T_R)\tau_1 + \sum_{i=2}^{n}(T_i - T_{i-1})\tau_i \right] \qquad (13)$$

Allgemeine Formeln für die Brennstoffersparnis

Wird das Verhältnis $\dfrac{\Delta P}{Q}$ mit dem Ausdruck (13) unter Beachtung der Formel (8) für die Wärmebilanz des Heizsystems und der Gleichung (9) gebildet, so findet man als Weiterentwicklung der Formel (5):

$$\frac{\Delta B}{Q} = \frac{1}{\eta_W} - \frac{1}{\eta_{KW}\, \eta_H\,(T_V - T_R)} \left[(T_1 - \Gamma - T_R)\tau_1 + \sum_{i=2}^{n}(T_i - T_{i-1})\tau_i \right] \qquad (14)$$

Dieser etwas kompliziert anmutende Ausdruck wird sofort übersichtlicher, wenn man einige vereinfachende Annahmen trifft. Wird die Gleichheit aller Φ_i vorausgesetzt, so erhält man:

$$\frac{\Delta B}{Q} = \frac{1}{\eta_W} - \frac{1}{\eta_{KW}\, \eta_H\, n} \sum_{i=1}^{n}\tau_i \qquad (15)$$

In den meisten Fällen hat die Turbine nur eine oder zwei, ausnahmsweise drei Anzapfstellen für die Heizung. Für eine Anzapfstelle vereinfacht sich der Ausdruck zu:

$$\frac{\Delta B}{Q} = \frac{1}{\eta_W} - \frac{\eta_T}{\eta_{KW}\, \eta_H}\, \frac{\Delta h_T}{r} \qquad (16)$$

und für 2 Anzapfungen:

$$\frac{\Delta B}{Q} = \frac{1}{\eta_W} - \frac{\eta_T}{\eta_{KW}\, \eta_H}\, \frac{\Delta h_{T1} + \Delta h_{T2}}{2\, r} \qquad (17)$$

120

Es ist zu beachten, dass für die gleiche Vorlauftemperatur Δh_{T2} der Gl. (17) identisch ist mit Δh_{T1} der Gl. (16).

Die Formeln (14) bis (17) sind die Resultate der vorangehenden Ueberlegungen. Sie enthalten nur Wirkungsgrade, Temperaturen, bzw. Enthalpien, aber nicht die elektrische Leistung der Turbogruppe. Der Quotient $\frac{\Delta B}{Q}$ gibt die im Brennstoff eingesparte Wärme für die Einheit der Nutzwärme an, wenn Wärme-Kraft-Koppelung verwendet wird anstatt separat erzeugter Wärme und elektrischer Energie.

Zahlenbeispiel:

Ein Zahlenbeispiel veranschaulicht die Tragweite der Wärme-Kraft-Koppelung. Es seien:

- Wirkungsgrad der üblichen häuslichen Heizung $\qquad$ $\eta_W = 0,85$
- Wirkungsgrad der elektrischen Energieerzeugung $\qquad$ $\eta_{KW} = 0,4$
- innerer Wirkungsgrad der Turbine $\qquad$ $\eta_T = 0,8$
- Wirkungsgrad der Warmwasserleitung vom Heizkraftwerk zur Gebrauchsstelle $\qquad$ $\eta_H = 0,9$
- Verhältnis des wegen der Anzapfung verlorenen isentro -pischen Wärmegefälles zur Kondensationswärme $\qquad$ $\frac{\Delta h_T}{r} = \frac{350 \ kJ/kg}{2100 \ kJ/kg} = \frac{1}{6}$

Nach Gl. (16) ergibt sich: $\frac{\Delta B}{Q} = 0,805$

Es werden also für 100 Einheiten Nutzwärme rund 81 Einheiten Wärme an Brennstoff eingespart.

Dieser unerwartet grosse Effekt wird plausibel durch die Ueberlegung: 100 Einheiten Nutzwärme benötigen im Fall a 100/0,85 = 117,5 Wärmeeinheiten im Brennstoff, im Fall b 100/2100.0,9 = 0,0529 kg Anzapfdampf von der Turbine. Die wegen Ausfalls des Dampfes verlorene, elektrische Arbeit beträgt: 0,0529.350.0,8 = 14,8 E, die durch die zusätzliche Brennstoffwärme 14,8/0,4 = 37 E, kompensiert werden muss. Somit ist die Einsparung: 117,5 - 37 = 80,5 E.

<u>Wirtschaftlichkeit:</u>

Benötigt die Umstellung vom Fall a auf den Fall b die Investition Y, und wird die Heizung
jährlich Z Stunden lang betrieben, wobei man stündlich ΔB Brennstoff, zum Einheitspreis y_B
erspart, so beträgt der jährliche Wirtschaftlichkeitserfolg, mit dem Tilgungsfaktor ψ:

$$Y\psi - Z\,\Delta B\, y_B \gtrless 0 \qquad\qquad (18)$$

Ist dieser Ausdruck positiv, so ist die Umstellung von a auf b wirtschaftlich sinnvoll,
andernfalls nicht. Die Investitionskosten können sehr verschieden sein, wobei der Anteil des
Wärmetransportes entscheidend werden kann.

4.7.3 Gekoppeltes System für die Versorgung mit elektrischer Energie und Wärme

Formulierung des Problems

Die Versorgung eines Gebietes, dessen Bedürfnisse vorgegeben sind, mit elektrischer Energie
und Wärme soll unter Wahrung eines Wirtschaftlichkeitskriteriums sichergestellt werden. Die
Einführung einer Wirtschaftlichkeitsbedingung ist unerlässlich; denn ohne sie gäbe es
zahlreiche Varianten, welche die Energienachfrage zufriedenstellen könnten. Der einfachste Fall
wäre, ein einziges Kraftwerk zu betreiben, welches beide Energiearten wunschgemäss liefert.
Als anderes Extrem kann man sich eine Vielzahl von Kraftwerken verschiedener Art denken
(z.B. Heizkraftwerke, rein elektrische Kraftwerke, Heizwerke), welche die Bedürfnisse über
zwei Netze - für die elektrische Energie und für die Wärme - decken. Untersuchungen haben
gezeigt, dass das oben formulierte Problem, unter Beachtung einer
Wirtschaftlichkeitsbedingung, grundsätzlich durch analytische Methoden lösbar ist.

Diese Beweisführung und die Berechnungen werden hier nicht gegeben. Wir beschränken uns auf
die qualitative Beschreibung des Rechenganges eines konkreten Problems. Die Nachfrage, die aus
den beiden geordneten, jährlichen Lastdiagrammen - für den elektrischen und für den
Wärmebedarf - bekannt ist, soll durch folgende drei Kraftwerkarten gedeckt werden:

- ein Heizkraftwerk, mit der elektrischen Nennleistung P_{HKW} und der maximalen
  Heizleistung Φ_{HKW},
- ein rein elektrisches Kraftwerk (Spitzenwerk) mit der Nennleistung P_{KW} und
- ein Heizwerk mit der Nennwärmeleistung Φ_{HW}.

Diese drei Kraftwerke sind so auszulegen, dass sie sowohl den Energiebedarf decken als auch gleichzeitig eine Wirtschaftlichkeitsbedingung erfüllen.

Als Wirtschaftlichkeitskriterium wird ein Minimum sämtlicher Aufwendungen für den Betreiber des Versorgungssystems verlangt. Für die Optimierungsrechnung werden die Aufwendungen eines Jahres minimalisiert. Sie setzen sich aus Investitionskosten und Brennstoffkosten zusammen.

Die jährlich geordneten Lastdiagramme für elektrische Energie und Wärme sind in Bild 4.7.3 veranschaulicht. Etwaig gewünschte Reserven können in den Diagrammen berücksichtigt werden.

Es ist praktisch unmöglich, für die zeitliche Uebereinstimmung der beiden Belastungsarten im voraus eine Aussage zu machen.

Ein zeitliches Zusammenfallen der Spitzen ist möglich, und es ist notwendig, Vorkehrungen zu treffen, um diese maximale, gleichzeitige Nachfrage befriedigen zu können. Dabei ist zu beachten, dass eine Wärmebelastungsspitze längere Zeit andauern kann (Tage, u.U. Wochen), während die Spitzen des elektrischen Bedarfes öfter, aber nur für kurze Dauer (einige Minuten, 1/4 bis 1/2 Stunde) auftreten.

Investitionen und Brennstoffkosten

Ziel der Berechnung ist die Bestimmung der Auslegeleistungen bezüglich der Elektrizität und Wärme für die drei Kraftwerkarten. Die Zusammenhänge zwischen den beiden Leistungsarten sollen anhand der Bild 4.7.3 und 4.7.4 erörtert werden.

Das Modell sei eine Turbine mit einer einzigen Anzapfstelle. Die Leistung dieser Turbine - in Bild 4.7.4 als Ordinate aufgetragen - ist maximal $P_{HKW} = P_a$ bei einer maximalen Dampfbeaufschlagung und ohne Dampfentnahme ($\Phi = 0$). Sobald man für die Heizung an einer Anzapfstelle Dampf entnimmt (Wärmestrom Φ als Abszisse aufgetragen), vermindert sich die elektrische Leistung, und zwar umso mehr, je grösser Φ wird. Bei Entnahme der gesamten Dampfmenge ist die Grenze erreicht: die Turbine wird zur Gegendruckmaschine. Diesem Zustand entspricht in Bild 4.7.4 der Punkt mit den Koordinaten Φ_b und P_b.

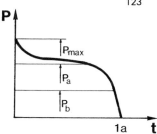

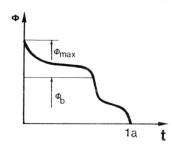

Bild 4.7.3:

Geordnete jährliches Lastdiagramme für elektrische
Energie (oben) und Wärme (unten);
P_{max} bzw. Φ_{max} sind die vom Netz verlangte
Spitzenwerte; P_a = max. elektrische Leistung des
Heizkraftwerkes; Φ_b = max. Wärmeleistung des
Heizkraftwerkes.

Bild 4.7.4:

Elektrische Leistung P eines Heizkraftwerkes in
Funktion der Wärmeentnahme Φ. Für $P = P_b$ und
$\Phi = \Phi_b$ wird die Turbine zur Gegendruckturbine.

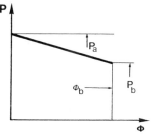

Das rein elektrische Kraftwerk (Spitzenwerk) muss so ausgelegt sein, dass die vom Netz
verlangte, maximale elektrische Leistung auch dann gedeckt sein muss, wenn das Heiznetz vom
Heizkraftwerk die Wärmeleistung Φ_b benötigt. Somit muss $P_{KW} = P_{max} - P_b$ sein. Um
gleichzeitig die Heizleistungsspitze decken zu können, muss das Heizwerk für die Wärmeleistung
$\Phi_{KW} = \Phi_{max} - \Phi_b$ ausgelegt werden.

Die Investitionskosten werden mit zulässiger Näherung linear mit der Nennleistung angesetzt.
Diese Nennwerte sind: beim Heizkraftwerk P_a, beim Kraftwerk (rein elektrisch) P_{KW}, beim
Heizwerk Φ_{HW}. Die spezifischen Investitionskosten müssen für alle drei Kraftwerkarten
einzeln ermittelt werden.

Die Betriebskosten, genauer Brennstoffkosten, für die erzeugte elektrische Arbeit berechnen
sich über den Preis der Energie im Brennstoff und über den Wirkungsgrad des Heizkraftwerkes
bzw. des Spitzenkraftwerkes.

Entnimmt man in der Zeiteinheit die Wärme Φ, so sinkt die elektrische Leistung auf P, also um P_a - P. Nachdem der der Turbine zugeführte Dampfstrom unverändert bleibt, ändern sich die Brennstoffkosten wegen der Dampfentnahme nicht.

Die jährlich erzeugte elektrische Arbeit ist durch die Fläche unter der Lastkurve dargestellt (Bild 4.7.3). Der Anteil unter P_b wird eindeutig durch das Heizkraftwerk, der Anteil über P_a durch das Kraftwerk erzeugt. Ueber die Fläche zwischen P_a und P_b lässt sich nichts aussagen, da die zeitliche Zuordnung der beiden Lastdiagramme - elektrische Energie und Wärme - nicht bekannt ist. - Anstatt hier nicht begründbare Hypothesen aufzustellen, ordnen wir für die Berechnung die Fläche P_a - P_b dem Kraftwerk zu, da der Arbeitspunkt des Heizkraftwerkes doch meistens bei P_b oder in dessen Nähe liegen wird. - Damit sind die Aufwendungen in der Rechnung etwas höher als in der Realität, aber die ausgelegten Anlagen werden jeden Lastbedarf sicher decken können.

Bei dem Wärmediagramm (unten) ist die Teilung einfacher: die Wärme, entsprechend der Fläche unter Φ_b, wird vom Heizkraftwerk, jene über Φ_b vom Heizwerk bestritten.

Die Brennstoffkosten für die Wärme sind somit nur mehr auf jene des Heizwerkes beschränkt (nämlich für die Berechnung), und man muss nur noch die Fläche oberhalb Φ_b in Bild 4.7.3 in Betracht ziehen.

Die Optimierung

Es muss nunmehr die Summe aller jährlichen Aufwendungen, das sind der jährliche Anteil des investierten Kapitals und die Brennstoffkosten aller drei Kraftwerke, gebildet werden. Alle Grössen müssen mit den gesuchten Kraftwerkleistungen ausgedrückt, und das Minimum der Funktion bestimmt werden. Zu merken ist, dass die Funktion zwei unabhängige Variablen hat.

Zahlenbeispiel

Eine Gemeinde mit 100'000 Einwohnern soll mit elektrischer Energie und Wärme versorgt werden, und zwar mittels der drei genannten Kraftwerktypen:

Ein Einwohner benötigt rund:

- Elektrische Energie: 1 kW installierte Leistung und
  0,6 kWa Energie pro Jahr

- Wärme: 4 kW Wärmestromanschluss und
  1,4 kWa Wärmemenge pro Jahr

Für die 100'000 Einwohner sind diese Zahlen mit 100'000 zu multiplizieren.

Die Lastkurven sowie alle für die Berechnungen nötigen spezifischen Werte sind bekannt.

Mit der angedeuteten Rechenmethode erhält man folgende Resultate:

$$P_b = 70 \ MW$$
$$\Phi_h = 195 \ MW$$
$$P_a = 103 \ MW$$
$$P_{KW} = 30 \ MW$$
$$\Phi_{HW} = 205 \ MW$$

Es ist bemerkenswert, dass die beiden elektrischen Kraftwerke insgesamt 103 + 30 = 133 MW Leistung haben, obwohl der elektrische Spitzenbedarf nur 100 MW ausmacht. Diese Leistung ist aber notwendig; denn wenn die Wärmespitze mit der elektrischen Lastspitze zusammenfällt, reduziert sich die elektrische Leistung des Heizkraftwerkes auf 70 MW. - Es ist gleichwohl überraschend, festzustellen, dass das Heizwerk mehr als die Hälfte des gesamten maximalen Heizleistungsbedarfes deckt. Offenbar kostet es - zumindest bei dem behandelten Beispiel - weniger, ein grosses Heizwerk zu bauen (das im wesentlichen aus einem Kessel besteht), als die Leistung des Heizkraftwerkes zu erhöhen.

Die Gesamtkosten des Versorgungssystems betragen im Optimum rd. 70 Millionen Franken pro Jahr. Die jährliche Versorgung eines Einwohners mit Elektrizität und Wärme kostet also in dem als Beispiel genommenen Fall rund 700 Franken, allerdings ohne Nebenausgaben wie Verteilung, Administration usw.

4.8 Die Wärmepumpe und deren Wirtschaftlichkeit

Die Wärmepumpe fördert Wärmemengen von tieferer Temperatur auf höhere, auf Kosten einer ihr zugeführten Energie (elektrische Energie oder Wärme). Ihr Anwendungsgebiet ist heute insbesondere die Raumheizung, aktuell geworden nicht zuletzt wegen ihres umweltfreundlichen Verhaltens. Nach kurzer Beschreibung der Arbeitsweise wird ein wirtschaftlicher Vergleich gemacht zwischen den Heizungsarten: Oelheizung - Wärmepumpe. Angeführt ist ein Zahlenbeispiel.

4.8.1 Prinzip und Anwendungsgebiete

Bei den heute aktuellen energetischen Problemen stehen das Einsparen von Primärenergie und die umweltfreundliche Führung der Prozesse im Vordergrund. Bei diesen Wünschen kommt die Anwendung der Wärmepumpe denselben entgegen, welche insbesondere für die Wärmeversorgung von Räumlichkeiten und Wohnungen sinnvoll geeignet ist.

Unter "Wärmepumpe" wird ein thermodynamisches System verstanden, das auf Kosten einer von aussen bezogenen Energie, eine Wärmemenge von tieferer auf höhere Temperatur zu bringen vermag. Theoretisch ist es derselbe Vorgang, der sich bei einer Kältemaschine (z.B. Kühlschrank) abspielt, nur sind die Temperaturniveaus verschieden. Die Wärmepumpe entnimmt die Wärme der Umgebung - von Wärmequellen - und gibt sie bei einer höheren Temperatur ab.

Die Wärme kann aus verschiedenen Quellen bezogen werden: aus dem Erdreich, aus Gewässern (Fluss, See, Grundwasser, Abwasser usw.) oder auch aus der Luft. Abgegeben wird die Wärme für Raumheizung bei der üblichen Zimmertemperatur von etwa 20 - 22 °C. Die Temperatur der bezogenen Wärme kann sehr verschieden sein, von Vorteil ist eine relativ konstante und möglichst hohe Temperatur. Grosse Schwankungen, wie sie z.B. bei der Luft vorkommen, wirken sich auf die Effizienz ungünstig aus.

Für den Antrieb der Wärmepumpe wird meistens elektrische Energie verwendet; aber man kann den Betrieb auch durch Wärmezufuhr, Verbrennung von Gas oder flüssigen Brennstoffen in Gang halten.

Es sind mehrere Kältemaschinen-Prozesse bekannt, von denen bei der Wärmepumpe meistens der sogenannte Kaltdampf-Maschinenprozess verwendet wird. Dieser ist schematisch in Bild 4.8.1 dargestellt. In einem Wärmetauscher- Verdampfer genannt - wird ein Arbeitsstoff (meistens Freon) bei tiefer Temperatur und kleinem Druck verdampft (1). Vorbedingung für diesen Prozess ist ein Temperaturgefälle von der Umgebung zum Arbeitsstoff (vgl. auch Bild 4.8.2) T_Q-T_1. Den Dampf bringt ein von aussen mit elektrischer Energie betriebener Kompressor auf höheren Druck und höhere Temperatur T_2. Der komprimierte warme Dampf wird in einen zweiten Wärmetauscher - man nennt diesen Verflüssiger oder Kondensator - geführt, wo er kondensiert (3). Dabei gibt der Arbeitsstoff die Kondensationswärme an die Umgebung ab. Natürlich muss die Kondensatortemperatur höher sein als jene des Raumes T_R. Bei Raumheizung besteht der Kondensator aus den in den Räumen aufgestellten Heizkörpern oder bei Bodenheizung aus einem unter dem Fussboden verlegten Rohrsystem. Das Kondensat wird über eine Expansionsdüse (4), einem Regelventil, zugeführt und gelangt so bei tieferem Druck in den Verdampfer zurück, womit sich der Kreisprozess schliesst (vgl. auch Bild 4.8.2).

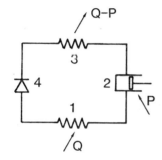

Bild 4.8.1: Kaltdampfmaschinenprozess   Bild 4.8.2: Temperaturdiagramm des Prozesses

1 Verdampfer, Wärmezufuhr aus der Wärmequelle T_{WQ} Temperatur der Wärmequelle
2 Kompressor, Zufuhr elektrischer Leistung T_1 Temperatur des Arbeitsstoffes im Verdampfer
3 Kondensator, Wärmeabgabe an die Umgebung T_3 Temperatur des Arbeitsstoffes im Kondensato
4 Expansionsdüse T_R Temperatur des Raumes

Die Richtung des Wärmeflusses ist mit einem Pfeil und Q angedeutet.

Als Mass für die Beurteilung des Prozesses benützt man in der Kältetechnik die sogenannte Leistungsziffern:

$$\varepsilon = \frac{Q}{P}$$

In dieser Formel bedeutet Q die Kälteleistung; d.h. die in der Zeiteinheit aus dem zu kühlendem Raum entnommene Wärmemenge und P die für die Kompression des Arbeitsstoffes benötigte mechanische (elektrische) Leistung.

Grosse Wärmepumpenanlagen wurden bereits in den Dreissigerjahren erstellt. Die Amtshäuser in Zürich werden auf Kosten der Temperatursenkung des Limmatwassers geheizt. In der Zuckerfabrik Aarberg wird der Brüdendampf der letzten Stufe einer mehrstufigen Verdampfanlage durch einen elektrisch angetriebenen Kompressor verdichtet, dadurch erwärmt, anschliessend als Heizdampf der ersten Stufe zugeführt. Ob diese Anlagen bezüglich Wirtschaftlichkeit die Erwartungen erfüllt haben, ist weiter nicht bekannt. Eine Vermutung kann man nur auf Grund des Umstandes anstellen, dass seither der Bau ähnlicher Grossanlagen nicht bekanntgeworden ist.

Nach einer latenten Periode ist die Wärmepumpe in der letzten Zeit wieder zu Ehren gekommen. Drei Umstände haben ihr dazu verholfen:

- der in 1973 erfolgte sprunghafte Anstieg des Oelpreises machte sie wirtschaftlich interessant
- intensive technische Entwicklung führte zu zahlreichen Verbesserungen
- der Betrieb der Wärmepumpe ist umweltfreundlich, was in der derzeitigen Epoche von der Energiewirtschaft verlangt wird.

Einige bedeutende Grossanlagen sind vor nicht sehr langer Zeit entstanden, wie z.B. Hallenheizungen mit Kunsteisbahn kombiniert, Abwärmeverwertung bei grossen Fabrikanlagen sowie Klimatisierungsprozesse am Gotthardtunnel. Das bedeutendste Anwendungsgebiet liegt jedoch bei der Raumheizung für Wohnungen.

4.8.2 Die Berechnung

Im folgenden legen wir eine Wirtschaftlichkeitsbetrachtung einer Wärmepumpe dar, indem wir zwischen den beiden Heizungsarten: - Wärmepumpe und herkömmliche Oelheizung - einen Kostenvergleich erstellen.

Verglichen werden die aus Investition und Betriebskosten bestehenden Aufwendungen beider Heizungsarten.

Für die Investitionskosten ist die Wärmeleistung, die bei den ungünstigsten Temperaturverhältnissen nötig ist, massgebend; für die Betriebskosten der jährliche Temperaturverlauf, der sich am einfachsten durch die Vollaststundenzahl oder die Heizgradtage ausdrücken lässt. Man kann die Aufbereitung von Warmwasser nicht von der Heizung trennen; wir wollen sie berücksichtigen, wenn sie auch nur eine geringe Korrektur verursacht. Beide Heizungen sollen die gleichen Bedingungen erfüllen.

Die für ein Bauwerk nötige maximale Wärmeleistung Q_{max} ist durch die angenommenen Temperaturen (in der Schweiz üblicherweise etwa 20 - 22 ^oC Raumtemperatur und - 11 ^oC Aussentemperatur) und durch die Ausführung des Bauwerkes bestimmt. Für die Berechnung dieser Wärmeleistung, die insbesondere stark von der Wärmeisolation des Bauwerkes abhängt, liegen genormte Rechenvorschriften vor, auf die wir hier nicht eingehen.

Die Investitionskosten sind Funktion von Q_{max} und werden folgendermassen symbolisiert

     für die Wärmepumpe: $Y_P (Q_{max})$

     für die Oelheizung: $Y_Q (Q_{max})$

Die Investitionskosten der Wärmepumpe sind bedeutend höher als jene der Oelheizung. Die Wärmetauscher für die Wärmeabgabe mögen bei beiden Systemen grössenordnungsmässig gleich sein. Indessen stehen dem Oeltank und dem Kessel mit Feuerungseinrichtungen der Oelheizung die umfangreichen und teuren Bestandteile der Wärmepumpe gegenüber: Wärmetauschfläche für die Wärmeaufnahme aus der Umgebung (Verdampfer) samt den dazu nötigen Bauten, Halterungen, eventuellen Erdarbeiten, der Kompressor samt Antrieb, der Arbeitsstoff, Regelorgane, um nur die wichtigsten zu nennen.

Um auf die Jahresanteile der Investitionskosten zu kommen, müssen diese mit dem Tilgungsfaktor multipliziert werden.

Man schreibt für die Wärmepumpe:

$$Y_{jP} = \psi_P \, Y_P (Q_{max}) \qquad\qquad (1\,a)$$

und für die Oelfeuerung:

$$Y_{jo} = \psi_Q \, Y_Q \, (Q_{max}) \qquad (1\,b)$$

Es ist notwendig, ψ_P und ψ_o durch die angebrachten Indizies auseinanderzuhalten, denn die Lebensdauer der Einrichtungen sind verschieden. Wir kommen auf diesen Umstand später noch zu sprechen.

Die Berechnung der Betriebskosten basiert auf der Bestimmung der im Jahresverlauf benötigten Wärmemenge W. Die Schwankung der Aussentemperatur $\Delta t = (t_{Raum} - t_{Aussen})$ im Tages- und Jahresverlauf benötigt eine Integration nach der Zeit Z:

$$W = \int_{1a} Q_{max} \, \frac{\Delta t}{\Delta t_{max}} \, dz \qquad (2)$$

Es ist in der Praxis üblich, diese Formel in folgender Weise zu schreiben:

$$W = Q_{max} \frac{h\,(\overline{\Delta t}\ d)}{\Delta t_{max}} = Q_{max}\, Z \qquad (3)$$

In dieser Formel bedeuten h die Heizstunden pro Tag, der Klammerausdruck die Heizgradstunden im Jahr und Z die gemittelten Vollaststunden. Die für den Heizbetrieb der Wärmepumpe nötige jährliche, elektrische Arbeit L ist:

$$L = \frac{W}{1+\varepsilon} = \frac{Q_{max}\, Z}{1 + \dfrac{Q}{P}} = \frac{Q_{max}\, P\, Z}{P+Q} = \frac{(P+Q)PZ}{P+Q} = PZ \qquad (4)$$

P bedeutet die Antriebsleistung des Kompressors.
Die jährlichen Stromkosten B_P betragen mit y_E als Einheitspreis:

$$B_P = P\,Z\,y_e \qquad (5)$$

Bei der Oelfeuerung wird die gleiche jährliche Wärmemenge gemäss Gl. (3) gebraucht, die Kosten betragen:

$$B_o = \frac{Q_{max}\, Z}{H\,\eta}\, y_o \qquad (6)$$

dabei ist y_0 der Einheitspreis des Heizöls

H der Heizwert des Heizöls

η der Wirkungsgrad des Kessels

Die Differenz der gesamten jährlichen Aufwendungen wird durch die folgende Formel gegeben:

$$\Delta A = A_0 - A_P = \psi_0\,Y_0 - \psi_P\,Y_P + Q_{max}\,Z\,\frac{y_0}{H\,\eta} - P\,Z\,y_\Theta \quad (7)$$

Aufgrund dieser Formel ist der wirtschaftliche Vergleich durchführbar. Ist $\Delta A > 0$ oder in Worten, die Oelfeuerung kostet mehr, so ist die Einführung der Wärmepumpe vom wirtschaftlichen Standpunkt aus gesehen sinnvoll und umgekehrt. Zu bemerken wäre, dass die Warmwasseraufbereitung in beiden Fällen bei den Investitions- und Betriebskosten mitberücksichtigt werden muss.

4.8.3 Kritik des Wärmepumpenbetriebes

Es lässt sich keine eindeutige Stellungnahme für oder wider eine Wärmepumpe machen, denn ihre Wirtschaftlichkeit hängt stark von den Betriebsumständen ab. Hier wäre in erster Linie zu nennen, dass die Lebensdauer der einzelnen Komponenten sowohl bei der Wärmepumpe wie auch bei der Oelfeuerung recht verschieden sein kann. Bei der Oelfeuerung wird man wohl eine längere Lebensdauer (etwa 20 Jahre), zu Recht annehmen dürfen. Zu ersetzen sind von Zeit zu Zeit die Brenner. Bei der Wärmepumpe haben wir eine rotierende Maschine, deren Lebensdauer nicht mit Sicherheit vorauszusagen ist. Immerhin wird man eine solche von 10 Jahren annehmen können. Beide Heizungssysteme bedürfen der Pflege: bei der Wärmepumpe in erster Linie der Kompressor, und es ist fraglich, ob die Wärmetauschflächen des Verdampfers nicht auch wegen der äusseren Einwirkungen Pflege oder z.T. Ersatz brauchen. Bei der Oelfeuerung müssen der Oeltank und das Kamin gereinigt werden.

Ein unbestreitbarer Vorteil der Wärmepumpe ist ihre Umweltfreundlichkeit, wobei aber nicht zu vergessen ist, dass andernorts, nämlich bei der Stromerzeugung und bei der Herstellung des Arbeitsstoffes, umweltbelastende Prozesse auftreten können. Eine gute Wärmeisolation der Bauten kommt natürlich bei beiden Systemen gleichwohl zur Geltung. Bei der Wärmepumpe kann man durch einen sorgfältigen Betrieb nur auf billigen Nachtstrom abstellen und so die Wirtschaftlichkeit der Wärmepumpe fördern. Auch eine grosse Wärmekapazität der Bauten kann durch Wärmespeicherung behilflich sein.

4.9 Auslegung wirtschaftlich optimaler Typenreihen

Bei der wiederholten Herstellung von Produkten gleicher Art kann die Umstellung von Einzelanfertigung auf Typenerzeugung Vorteile bieten. Die wirtschaftlichen Auswirkungen der beiden Fertigungsarten werden verglichen und anschliessend wird gezeigt, wie Typenreihen optimal auszulegen sind. Die für einen Anwendungsbereich nötige Typenzahl und deren Verteilung werden berechnet.

4.9.1 Das Problem

Wenn Produkte gleicher Art wiederholt erzeugt werden sollen, stellt sich die Frage, ob Einzelanfertigung oder die Herstellung von diskreten typisierten Einheiten, in der Folge kurz als Typen bezeichnet, wirtschaftlicher ist. Bei Einzelanfertigung besteht die Möglichkeit, das Produkt den Betriebsbedingungen optimal anzupassen, dafür wird die Herstellung aufwendiger; die Erzeugung der Typen ist billiger, aber es entstehen im Vergleich zur optimalen Einzelausführung im Betrieb zusätzliche Kosten und Verluste. Uebertrifft die erzielbare Reduktion der Herstellungskosten die Summe der zusätzlichen Betriebskosten und Verluste für alle erwarteten Anwendungsfälle, so ist die Umstellung von Einzelanfertigung auf Typenherstellung wirtschaftlich gerechtfertigt, und die Preise der Produkte können gesenkt oder höhere Margen für den Hersteller erzielt werden.

Neben dieser meistens entscheidenden Wirtschaftlichkeitsbedingung gibt es weitere Aspekte, z.T. qualitativer Art, die die Stellungnahme für oder gegen eine Typisierung beeinflussen können. Solche sind bei der Herstellung: Einsparung an Arbeitskraft und Modellen, vereinfachte Organisation und im Gebrauch: Austauschbarkeit der Apparate, gleiche Ersatzteile, kleinere Fehleranfälligkeit, unveränderte Charakteristiken und Eigenschaften usw.

In dieser Abhandlung werden nur die wirtschaftlichen Aspekte der Typisierung untersucht. Es sollen folgende Fragen beantwortet werden:

- Unter welchen Bedingungen ist die Umstellung der Herstellung auf Typen wirtschaftlich gerechtfertigt?
- Wieviele Typen sollen und mit welchen Typensprüngen unter Wahrung einer vereinbarten Wirtschaftlichkeitsforderung innerhalb eines Anwendungsgebietes gebaut werden?

Die erste Frage wird in folgendem Abschn. 4.9.2 und die Berechnung von Typenreihen im darauffolgenden Abschn. 4.9.3 behandelt.

Schliesslich enthält Abschn. 4.9.4 Anhaltspunkte zur praktischen Durchführung der Berechnungen sowie ein durchgerechnetes Beispiel. An diesem lässt sich die bedeutende Ersparnis, die der Typisierung zu verdanken ist, zahlenmässig erkennen, eine Ersparnis, die sowohl dem Ersteller als auch dem Betreiber zugutekommen kann. Um die Ueberlegungen besser zu veranschaulichen, werden oft Komponenten von Kraftwerken als Modelle genannt; die Ueberlegungen gelten aber natürlich ganz generell.

Versucht man auf dem Gebiet zweckdienliche Literatur zu finden, so ist das Resultat unbefriedigend. Es gibt zwar einige Abhandlungen über Typenreihenbildung. Indes begnügen sie sich mit der Feststellung, dass Typenreihen wirtschaftliche Vorteile bieten können. Man sucht auch nach "Gesetzen für zweckmässige Zahlenreihen"; aber eine Abhandlung, die die Typenreihenbildung aufgrund von wirtschaftlichen Ueberlegungen vorschlägt, konnte nicht gefunden werden.

4.9.2 Wirtschaftliche Bedingungen der Typisierung

1. Allgemeine Ansätze

Es besteht grundsätzlich die Möglichkeit, ein Produkt (Elektromotoren, Kühlschränke usw.) oder ein Element (Apparat, Maschine, sonstige Komponenten) einer grösseren Einheit (Anlage, Kraftwerk, Fabrik) optimal auszulegen. Gemeint ist dabei die Erfüllung einer Wirtschaftlichkeitsforderung, die für die vorliegenden Ausführungen folgendermassen lautet: Die absolute Summe aller Aufwendungen und Verluste soll minimal sein.

Die Anwendung optimal ausgelegter Produkte verlangt Einzelanfertigung. Stehen nur typisierte Produkte zur Verfügung, so ist eine Abweichung vom Optimum unvermeidlich, und es entstehen zusätzliche Betriebsverluste. Wir suchen die Bedingungen für die wirtschaftliche Berechtigung einer Typisierung.

Die Anwendung eines Produktes hat offenbar nur einen Sinn, wenn ein Betriebserfolg erzielt werden kann, dessen kapitalisierter Barwert BW grösser ist als die Gestehungskosten K des Produktes:

$$BW > K$$

Der Begriff "Betriebserfolg" soll allgemein alle wirtschaftlichen Auswirkungen erfassen, die durch die Anwendung des Produktes entstehen: z.b. bei Kraftwerken die wirtschaftlichen Folgen der Wärmeverbrauchsänderung oder der erzeugbaren Leistung.

Geht man von Einzelanfertigung auf Typen über, so ändern sich sowohl der Betriebserfolg wie auch die Gestehungskosten. Der Betriebserfolg wird geringer, weil man nicht optimal ausgelegte Apparate verwendet, aber auch die Gestehungskosten werden kleiner. Bezeichnet man den Rückgang des Betriebserfolges für eine Anzahl Produkte mit ΔBW und die Ersparnis an Gestehungskosten für die gleiche Anzahl mit E, so ist der Uebergang zu Typen gerechtfertigt, wenn:

$$E > \Delta BW \quad \text{oder} \quad E - \Delta BW > 0 \text{ ist.} \qquad (1)$$

Diese formalistische Aussage muss für konkrete Typenreihen berechnet werden, um deren wirtschaftliche Rechtfertigung zu prüfen.

2. Gestehungskosten eines Produktes

Für die Erfassung der Grösse eines Produktes erwies sich die Einführung eines charakteristischen Wertes ϑ als zweckmässig (z.B. Fläche eines Wärmetauschers, Durchmesser einer Rohrleitung, Leistung eines Elektromotors usw.). Durch diesen charakteristischen Wert sollen alle weiteren technischen und wirtschaftlichen Daten (wie z.b. Abmessungen oder Gestehungskosten) des in sich optimal gestalteten Produktes eindeutig bestimmt sein. Im vorliegenden Aufsatz sollen nur Produkte erfasst werden, zu deren Grössenbestimmung ein charakteristischer Wert genügt.

Die Gestehungskosten eines Produktes (Elements) seien darstellbar durch:

$$k(\vartheta) = k_1(\vartheta) + k_2(\vartheta) \qquad (2)$$

wobei k_1 und k_2 eindeutige Funktionen von ϑ sind, jedoch mit dem Unterschied, dass k_1 den Betrag darstellt, der für jedes einzelne Produkt aufzubringen ist, und k_2 jenen Kostenanteil, der für gleich grosse Produkte nur einmal entsteht, ungeachtet deren Anzahl. Zur Erleichterung der Ausdrucksweise nennen wir die ersten Fertigungskosten und die zweiten Vorarbeitskosten.

Ein Beispiel: Bei einem Wärmetauscher seien ϑ die Wärmeübertragungsfläche, $k_1(\vartheta)$ die Fertigungskosten des Wärmetauschers, im wesentlichen Löhne und Materialien, und $k_2(\vartheta)$ die

Vorarbeitskosten wie Aufwendungen für Berechnungen, Zeichnungen, Konstruktionen, Organisation der Arbeitsgänge, Modelle, Schablonen, eventuelle Automation und Spezialapparate der Fertigung, d.h. Kosten, die für eine ϑ-Grösse nur einmal aufzubringen sind.

Treibt man Einzelanfertigung und erzeugt während einer vorgegebenen Zeitspanne N Produkte, so sind die gesamten Gestehungskosten:

$$K_E = \sum_{j=1}^{N} k_1(\vartheta_j) + \sum_{j=1}^{N} k_2(\vartheta_j) \qquad (3)$$

Entscheidet man sich für typisierte Produkte und baut eine aus n Typen bestehende Reihe, nämlich die Typen

mit den Ordnungsnummern $\qquad$ 1, 2 $\cdots$ i $\cdots$ n

und von den einzelnen Typen je $\qquad$ m_1, m_2 $\cdots$ m_i $\cdots$ m_n

Stücke, wobei natürlich

$$\sum_{i=1}^{n} m_i = N \qquad (4)$$

sein muss, so sind deren gesamte Gestehungskosten:

$$K_T = \sum_{i=1}^{n} m_i k_1(\vartheta_{Ti}) + \sum_{i=1}^{n} k_2(\vartheta_{Ti}) + k_3 \qquad (5)$$

Zur Untersuchung werden Grössen, die sich auf Typen beziehen, mit dem Index T versehen. Das additive Glied k_3 soll - um den Ausdruck ganz allgemein zu halten - die Kosten aller evtl. nötigen zusätzlichen Einrichtungen (z.B. Arbeitsmaschinen) erfassen, die nur wegen der Umstellung auf Typen nötig werden. Auf eine abweichende Bezeichnung der Fertigungskosten in den Gl. (3) und (5), die sich unter Umständen bei arbeitsintensiven Produkten bemerkbar machen könnten, haben wir - um die Uebersicht zu wahren - bewusst verzichtet.

Ein einzelner Apparat kostet bei Einzelanfertigung:

$$k_E(\vartheta) = k_1(\vartheta) + k_2(\vartheta) \qquad (6)$$

136

und als Typ:

$$k_T(\vartheta_{Ti}) = k_1(\vartheta_{Ti}) + \frac{1}{m_i} k_2(\vartheta_{Ti}) + \frac{1}{N} k_3 \qquad (7)$$

wo m_i die Anzahl der erzeugten Produkte des Typs ϑ_{Ti} während der Anwendungsdauer der Typenreihe bedeutet. Die Kosten k_3 werden auf alle Produkte gleichmässig verteilt.

3. Vergleich der Gestehungskosten: Einzelanfertigung - Typenerzeugung

Die Ersparnis der Gestehungskosten bei der Herstellung von Typen gegenüber Einzelanfertigung ist:

$$E = K_E - K_T = \sum_{j=1}^{N} k_1(\vartheta_j) + \sum_{j=1}^{N} k_2(\vartheta_j)$$

$$- \left[\sum_{i=1}^{n} m_i k_1(\vartheta_{Ti}) + \sum_{i=1}^{n} k_2(\vartheta_{Ti}) + k_3 \right] \qquad (8)$$

Bei genügend grosser Anzahl der Produkte ist statistisch:

$$\sum_{j=1}^{N} k_1(\vartheta_j) \approx \sum_{i=1}^{n} m_i k_1(\vartheta_{Ti}) \qquad (9)$$

wenn alle ϑ_{Ti} optimal gewählt sind.

Diese Gleichung, an einem Beispiel erläutert, sagt aus, dass die Summe der während einer Zeitspanne gebrauchten Wärmeaustauschflächen und deren statistische Verteilung praktisch gleich bleiben, unabhängig davon, ob sie einzeln oder als Typen angefertigt werden. Demzufolge sind die von der Fläche abhängigen Fertigungskosten näherungsweise gleich.

Mit dieser Vereinfachung wird:

$$E = \sum_{j=1}^{N} k_2(\vartheta_j) - \left[\sum_{i=1}^{n} k_2(\vartheta_{Ti}) + k_3 \right] \qquad (10)$$

Nimmt man jetzt noch für einen Moment - nur um das Bild anschaulicher zu machen - an, dass k_2 von ϑ unabhängig ist (d.h. die Zeichnungen, Modelle usw. kosten für eine kleinere oder grosse Einheit gleich viel), so wird:

$$E = (N - n)k_2 - k_3 \qquad (11)$$

Die Differenz der Gestehungskosten hängt also im wesentlichen von der Differenz (N - n) ab. Macht man sehr viele Typen, so wird die Anwendungszahl der einzelnen Typen m klein und somit die Typenreihe bald unwirtschaftlich. Ein zu grosser k_3-Wert hat ähnliche Folgen.

Die besprochenen Berechnungen von E, mit den Formeln (8) oder (10) können nur nach Ermittlung der Typenreihen durchgeführt werden. Für eine grobe Vorschätzung ist Gl.(11) geeignet.

4. Der Betriebserfolg

Der Betriebserfolg ist zwangsmässig immer negativ, d.h. die Anwendung von Typen ist ungünstiger: es entstehen zusätzliche Verluste.

Wird der Betriebserfolg positiv gewertet, so sind die zusätzlichen Betriebsverluste negativ: BW < O.

Bei wachsender Anzahl der Typen innerhalb des Anwendungsgebietes nehmen die Betriebsverluste ab, die Fertigungskosten zu und umgekehrt.

ΔBW lässt sich ebenfalls nur nach Auslegung der Typenreihe berechnen.

4.9.3 Auslegung einer Typenreihe und deren Optimierung

I. Grundlagen der Typenreihen-Optimierung

Für die Herleitung der Typenreihe sind die gesamten Aufwendungen grundlegend. Es ist sinnvoll, mit Differenzen - gegenüber der optimierten Ausführung - zu rechnen: die Handhabung der Formeln ist leichter, die wirtschaftliche Gegenüberstellung der beiden Lösungen ergibt sich aus den Endresultaten mühelos.

Die gesamten Aufwendungsdifferenzen F setzen sich aus zwei Teilfunktionen zusammen:

- Zusätzliche Betriebsverluste (negativer Betriebserfolg) und Fertigungskosten, die bei der Anwendung von Typen wegen Abweichung vom Optimum entstehen ΔV (vgl. Bild 4.9.1)
- Differenzen der Summe der Vorarbeitskosten ΔK_2 der Typen einerseits und der optimierten Elemente anderseits.

Bild 4.9.1 Schematische Darstellung der Typenreihe entlang einer ϑ-Achse

Die Typen sind mit Index T, die Grenzen des Anwendungsgebietes der Typenreihe mit den Indizes a und b gekennzeichnet. Die über die Typen i und i+1 gezeichneten Kurvenzüge Δv stehen für die durch Anwendung der Typen entstandenen zusätzlichen Verluste. Der durchlaufende und mit Φ bezeichnete Linienzug symbolisiert die Häufigkeitsfunktion der während der Lebensdauer der Typenreihe zu erzeugenden Typen.

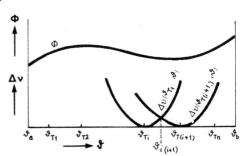

Die Summe dieser Aufwendungsdifferenzen lässt sich folgendermassen symbolisieren:

$$F = \Delta V + \Delta K_2 \qquad (12)$$

und muss durch geeignete Bestimmung der Typen, entsprechend der eingangs besprochenen Wirtschaftlichkeitsforderung, auf ein Minimum gebracht werden.

Dabei ist zu beachten, dass

$$\Delta V = V_T - V_{opt} > 0 \quad \text{und} \quad \Delta K_2 = K_{2T} - K_{2opt} < 0 \text{ ist.} \qquad (13)$$

In Worten: die in V enthaltenen Betriebskosten (Verluste) sind bei Typenanwendung höher, die Fertigungskosten etwa gleich (vgl. Gl.(9); Vorarbeitskosten entstehen bei der Type nur einmal, bei Optimierung bei allen Ausführungen.

2. Vereinbarungen und Randbedingungen

Um eine Typenreihe berechnen zu können, bedarf es einiger Vereinbarungen und der Festlegung von Randbedingungen:

- Postulierung eines charakteristischen Wertes ϑ des zu typisierenden Elementes (Produktes) als unabhängige Variable
- Kenntnis der Kostenfunktionen k_1 und k_2 von ϑ
- Kenntnis der Auswirkung einer Abweichung vom Sollwert (optimalen Wert) um $\Delta\vartheta$ auf den Betriebserfolg
- Festlegung der beiden Grenzen des Anwendungsgebietes der Typenreihe ϑ_a, ϑ_b. Diese können unmittelbar als Zahlen angegeben werden oder durch andere Grenzbedingungen ermittelt werden (z.B. für eine Isolierplatte sind die kleinste und grösste Temperaturdifferenz angegeben, aus denen die kleinste und grösste Plattendicke errechenbar ist).
- Schätzung der voraussichtlichen Anwendungsdauer der Typenreihe, der Anzahl der während dieser Zeitspanne zu erzeugenden (zu verkaufenden) Produkte N sowie deren Verteilung (Häufigkeit) entlang der ϑ -Achse.
- Festlegung eines Paritätsfaktors ã für den Kapitalwert (Barwert) einer Leistung (z.B. bei Kraftwerken den der elektrischen Leistung oder den eines Wärmeflusses).

3. Uebersicht des Rechenganges

Es werden zunächst die Funktionen ΔV und K_{2T} und aus diesen gemäss Gl.(12) die Funktion F gebildet. Diese hängt von n diskreten, typenbestimmenden ϑ-Werten ab, die mit ϑ_{T1}, ϑ_{T2} ⋯ ϑ_{Ti} ⋯ ϑ_{Tn} bezeichnet sind, sowie von jenen ϑ-Werten, die die Grenzen der Anwendungsbereiche zweier aufeinanderfolgender Typen bedeuten und die mit ϑ_{12}, ϑ_{23}, ⋯ $\vartheta_{(i-1)i}$, ⋯ $\vartheta_{(n-1)n}$ bezeichnet sind (vgl. Bild 4.9.1). Letztere lassen sich durch (n-I)-Beziehungen eliminieren, die ausdrücken, dass die Verluste an den Berührungsstellen gleich gross sein müssen, ob man den kleineren oder den grösseren Typ verwendet.

Durch Nullsetzen aller partiellen Ableitungen der Funktion F nach den einzelnen ϑ_{Ti} erhält man ein Gleichungssystem von n Gleichungen mit n Unbekannten, die die Bestimmung der n gesuchten ϑ_{Ti}-Werte ermöglicht.

Sind diese einmal bestimmt, so erhält man die Gesamtverluste für die Verwendungsdauer der Typenreihe durch Einsetzen dieser Werte in die Funktion F.

Die optimale Typenzahl n lässt sich nicht analytisch herleiten, sondern nur numerisch bestimmen. Dass n ein Optimum haben muss, ist einzusehen, denn bei kleiner Typenzahl sind zwar die Vorarbeitskosten klein, aber die Verlustfunktion, besonders an den Grenzen zweier Typen, wird gross. Umgekehrt werden bei grosser Typenzahl die Verluste zwar klein, dafür schrumpfen die aus der Typenbildung sich ergebenden Ersparnisse in den Gestehungskosten immer mehr zusammen.

4. Herleitung der Funktion ΔV

1. Schritt: Bestimmung der durch ein nicht optimal ausgelegtes Element bedingten zusätzlichen Aufwendungen.

Gemäss den vorliegenden Postulaten sind die Fertigungskosten eines Elementes in Funktion der charakteristischen Grösse bekannt:

$$k_1 = k_1(\vartheta) \qquad (14)$$

Die Aenderung des Betriebserfolges muss auch erfasst werden, wobei dieser jedoch nur dann quantifizierbar ist, wenn die Funktionsaufgabe des Elementes als selbständige Einheit oder als eingegliederter Bestandteil eines Verbandes bekannt ist. So äussert sich z.b. die Aenderung des Betriebserfolges einer Komponente einer Wärmekraftanlage in der Aenderung des Wärmeverbrauches (Wirkungsgrades), der bei gleichbleibender Wärmezufuhr eine Leistungsänderung oder bei unveränderter Leistung eine Aenderung des Brennstoffverbrauches zur Folge hat. Wir setzen die Betriebsverluste B als eindeutige Funktion der Variablen ϑ und eines Betriebsparamters λ und schreiben:

$$B = B(\vartheta,\lambda) \qquad (15)$$

Die Summe der Aufwendungen und Verluste lautet für ein Element in Funktion von ϑ:

$$v = k_1(\vartheta) + \tilde{a}\, B(\vartheta,\lambda) \qquad (16)$$

Nach klassischen mathematischen Regeln gelangt man zum Optimum dieser Funktion durch Lösung der Gleichung:

$$\frac{dk_1}{d\vartheta} + \tilde{a}\, \frac{dB}{d\vartheta} = 0 \qquad (17)$$

und bestimmt so ϑ_{opt}. Mit diesem Wert lassen sich die minimalen Aufwendungen gemäss Gl.(16) berechnen (in Bild 4.9.2 mit einem Kreuz x markiert):

$$v_{min} = v_{opt} = k_1(\vartheta_{opt}) + \tilde{a} \, B \, (\vartheta_{opt},\lambda) \qquad (18)$$

Verwendet man nun statt eines optimal ausgelegten Elementes ϑ_{opt} einen durch ϑ_T charakterisierten Typ, so sind die Aufwendungen:

$$v_T = k_1(\vartheta_T) + \tilde{a} \, B \, (\vartheta_T,\lambda) \qquad (19)$$

wobei sinngemäss $v_T > v_{opt}$ sein muss. Der Wert v_T ist in Bild 4.9.2 bei der Abszisse ϑ_T mit einem kleinen Kreis o angedeutet.

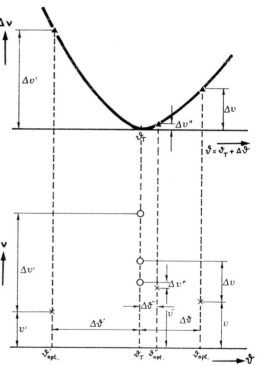

Bild 4.9.2 Zusätzliche Aufwendungen eines nicht optimal ausgelegten Elementes

Im unteren Bildteil, auf der ϑ -Achse, bedeuten: ϑ_T den Typ, ϑ_{opt} den zum Optimum gehörenden Wert. Das Kreuz bei der Abszisse ϑ_{opt} und der Kreis bei der Abszisse ϑ_T symbolisieren die entsprechenden Aufwendungen. Die Differenz der beiden Ordinaten Δv ist im oberen Bildteil zu einer neuen Abszisse $\vartheta = \vartheta_T + \Delta\vartheta$ aufgetragen und mit einem Dreieck angedeutet.

Zwei weitere Beispiele sind mit ' und " gekennzeichnet. Die Kurve $\Delta v = \Delta\vartheta(\vartheta_T + \Delta\vartheta)$ entspricht der Gl.(18).

Die Differenz Δv stellt die zusätzlichen Aufwendungen dar, die dadurch entstanden sind, dass statt eines optimal ausgelegten Elementes ein Typ angewendet wurde.

$$\Delta v = v_T - v_{opt} = k_1(\vartheta_T) - k_1(\vartheta_{opt}) + \ddot{a}\left[B(\vartheta_T,\lambda) - B(\vartheta_{opt},\lambda)\right] \quad (20)$$

Bezeichnet $\Delta\vartheta$ die positive oder negative Abweichung $\vartheta_{opt} - \vartheta_T$, so kann mit vereinfachten Symbolen geschrieben werden:

$$\Delta v = \Delta k_1(\vartheta_T,\Delta\vartheta) + \ddot{a}\,\Delta B(\vartheta_T,\Delta\vartheta) \quad (21)$$

Man kann in der Umgebung von ϑ_T dieselbe Operation wiederholt durchführen. Jeder Wert der Parametergruppe λ führt zu einem anderen ϑ_{opt} und man gelangt so zu einer Schar von Wertepaaren $\Delta\vartheta$, Δv. In Bild 4.9.2 sind zwei weitere dieser Paare eingetragen und zur Unterscheidung mit ' einem Strich und " zwei Strichen gekennzeichnet.

Die zu den Abszissen $\vartheta_{opt} = \vartheta_T + \Delta\vartheta$ gehörenden Δv-Werte aufgetragen (im oberen Teil von Bild 4.9.2 mit Dreiecken Δ angedeutet), stellen die mit Gl.(21) erfassten zusätzlichen Aufwendungen dar. Die Transformation erlaubt, die Bezeichnung ϑ_{opt}, die den Sollwert darstellt, durch das einfache Symbol ϑ (ohne Index) zu ersetzen.

Die Δv-Kurve hat eine U-förmigen Verlauf mit einem Minimum ($\Delta v = 0$, für $\Delta\vartheta = 0$). Das ist der Fall, wenn der Typ gerade dem Optimum gemäss Gl.(17) entspricht.

2. Schritt: Einführung der Häufigkeitsfunktion Φ.

Das in Betracht gezogene Anwendungsgebiet der Typenreihe ist schematisch in Bild 4.9.l) dargestellt. Es reicht von ϑ_a bis ϑ_b mit n Typen dazwischen.

Es sei durch Schätzung festgelegt, dass während der vorgesehenen Verwendungsdauer der Typenreihe N Stück (Anzahl) Elemente verkauft werden. Die Häufigkeit der Sollwerte der N-Elemente im Anwendungsbereich von ϑ_a bis ϑ_b beschreibt die Häufigkeitsfunktion Φ.

Streng genommen müsste die Verteilung durch ein Histogramm dargestellt werden: $\Delta N^* = \Phi\Delta\vartheta$. In Worten,: ΔN^* ist die Anzahl der Elemente innerhalb des $\Delta\vartheta$-Invervalles. Die grosse Stückzahl N (etwa $10^4 \div 10^6$) erlaubt den Uebergang zu einer stetigen Funktion:

$$\Delta N = \int_{\vartheta}^{\vartheta+\Delta\vartheta} \Phi\,d\vartheta \quad (22)$$

In Worten: Zwischen den Werten ϑ und $\vartheta+\Delta\vartheta$ sind ΔN Stück Elemente - entsprechend dem obigen Integral - zu erwarten. Natürlich gilt für einen Typ:

$$m_i = \int\limits_{\vartheta_{(i-1)i}}^{\vartheta_{i(i+1)}} \Phi \, d\vartheta \qquad (23)$$

und für das ganze Gebiet:

$$N = \int\limits_{\vartheta_a}^{\vartheta_b} \Phi \, d\vartheta \qquad (24)$$

Das Anwendungsgebiet des i-ten Typs liegt zwischen $\vartheta_{(i-1)i}$ und $\vartheta_{i(i+1)}$ (Bild 4.9.3). In diesem Teilgebiet sind sowohl die Funktion Δv wie auch der entsprechende Teil von Φ bekannt. Der absolute Betrag der zusätzlichen Aufwendungen an einer Stelle ϑ für ein Intervall $d\vartheta$ ist:

$$d(\Delta v) = \Delta v(\vartheta_T, \Delta\vartheta, \lambda) \, \Phi(\vartheta) \, d\vartheta \qquad (25)$$

Es ist die Fläche in Bild 4.9.3 zwischen den punktierten Ordinaten.

Bild 4.9.3:
Anwendungsgebiet einer
Type, mit den Grenzen $\vartheta_{(i-1)i}$ und $\vartheta_{i(i+1)}$

Die zusätzlichen Aufwen-
dungen zeigt die Kurve Δv.
Die Häufigkeiten gibt die
Kurve Φ an.

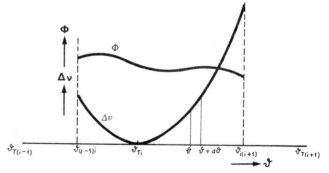

Die gesamten zusätzlichen Aufwendungen oder, kürzer, die Gesamtverluste für den i-ten Typ erhält man durch Integration über ihr Anwendungsgebiet:

$$\Delta V_i = \int\limits_{\vartheta_{(i-1)i}}^{\vartheta_{i(i+1)}} \Delta v \, \Phi \, d\vartheta \qquad (26)$$

Für die ersten und letzten Typen hat man wegen der fixen Grenzen Spezialausdrücke, nämlich:

$$\Delta V_1 = \int_{\vartheta_a}^{\vartheta_{12}} \Delta v \, \Phi \, d\vartheta \qquad (27)$$

$$\Delta V_n = \int_{\vartheta_{(n-1)n}}^{\vartheta_n} \Delta v \, \Phi \, d\vartheta \qquad (28)$$

Für die ganze Typenreihe hat somit die Funktion ΔV den Ausdruck:

$$\Delta V = \Delta V_1 + \sum_{i=2}^{n-1} \Delta V_i + \Delta V_n \qquad (29)$$

5. Ermittlung der Grenzen der Anwendungsgebiete der einzelnen Typen

In Bild 4.9.4 sind die zusätzlichen Aufwendungen der i-ten und i+l-ten Typen angedeutet. Die Grenze der Anwendungsgebiete muss beim Schnittpunkt der beiden Kurven liegen, denn beim Ueberschreiten derselben entstünden zusätzliche Verluste, die in Bild 4.9.4 mit der schraffierten Fläche angedeutet sind. Die Grenze wird also durch die Bedingung festgelegt, dass der absolute Verlust für beide Typen an dieser Stelle gleich sein muss. Die entsprechende Formel lautet:

$$\Delta v \, (\vartheta_T, \, \vartheta_{i(i+1)}) = \Delta v \, (\vartheta_{T(i+1)}, \vartheta_{i(i+1)}) \qquad (30)$$

wobei angenommen wurde, dass die Funktion Φ an der Grenze der beiden Typen keinen Sprung macht.

Somit können die Grenzwerte mittels der Typenwerte ausgedrückt und folglich aus der Funktion Δv eliminiert werden.

Bild 4.9.4 Ermittlung der Grenze der
Anwendungsgebiete zweier aufeinander-
folgenden Typen

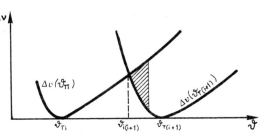

Die zu den Typen ϑ_{Ti} gehörende und mit
$\Delta v(\vartheta_{Ti})$ bezeichnete Kurve stellt die
Verluste der Typen ϑ_{Ti} dar.

Analog gehört zu $\vartheta_{T(i+1)}$ der Kurvenzug $\Delta v(\vartheta_{T(i+1)})$. Der Schnittpunkt der beiden Kurven gibt
die Grenze der Anwendungsgebiete gemäss Gl.30 an.

6. Herleitung der Funktion K_{2T}

Die Funktion K_{2T} erfasst sämtliche Vorarbeitskosten, wie in Abschn. 2 bereits besprochen. Sie
lassen sich ausdrücken mit der Gl.(5) ohne deren erstes Glied, welches bereits in die Funktion
ΔV eingegangen ist:

$$K_{2T} = \sum_{i=1}^{n} k_2(\vartheta_{Ti}) + k_3 \qquad (31)$$

Das Glied k_3 hat nur ergänzenden Charakter, und nachdem es von ϑ_{Ti} unabhängig ist, entfällt es
bei der Optimierung.

7. Bestimmung der Typen, Optimalwert von F

Die Funktion F, gebildet mittels der Gl.(29) und (31), enthält nach diesen Operationen nur
noch n diskrete ϑ_{Ti}-Werte als Variable. Diese sollen so bestimmt werden, dass die Funktion F
minimal wird. Durch Nullsetzen der partiellen Ableitungen nach sämtlichen Variablen:

$$\frac{\partial F}{\partial \vartheta_{Ti}} = 0 \qquad (32)$$

erhält man n Gleichungen für die Bestimmung der gesuchten ϑ_{Ti}-Werte. Die Berechnung gilt
für eine vorgegebene Anzahl n von Typen.

Rein mathematisch betrachtet, führen die durch die Gl.(32) vorgeschriebenen Operationen nicht immer zu einem eindeutigen Ergebnis. In solchen Fällen muss man die physikalisch sinnvolle Lösung herausfinden.

8. Bestimmung der optimalen Anzahl der Typen

Die optimale Typenanzahl n_{opt} der Typenreihenbildung lässt sich nur so bestimmen, dass man die gesamten Aufwendungen für verschiedene n-Werte miteinander vergleicht. Die gesamten Aufwendungen erhält man, indem man die ermittelten ϑTi_{opt}-Werte in die Funktion F einsetzt und jenen n-Wert sucht, für welchen F minimal ist. Es ist zu bemerken, dass die einzelnen Typen für verschiedene n verschieden sind, also ist z.B. $\vartheta Ti_{opt}(n_1) \neq \vartheta Ti_{opt}(n_2)$.

9. Prüfung der Wirtschaftlichkeit der Typenreihe

Ob die Einführung der Typenreihe wirtschaftlich sinnvoll ist, lässt sich anhand folgender Ueberlegungen entscheiden:

Man ermittelt die Funktion F mit den optimierten Typenwerten. Anderseits berechnet man K_{20} für den Fall, dass alle Produkte optimal hergestellt werden. Diese Werte, eingesetzt in Gl.(12), geben die Ersparnis:

$$E = K_{20} - F \qquad (33)$$

Ist E positiv, so bringt die Anwendung der Typenreihe wirtschaftliche Vorteile. Die Bedingung (33) ist inhaltsmässig mit jener der Gl.(1) identisch.

4.9.4 Praktische Durchführung der Berechnung

Die beschriebene Rechenmethode für die Typenreihenbildung wurde in der Praxis bereits in zahlreichen Fällen angewendet. Die zahlenmässigen Auswertungen wurden jeweils mittels Computer ausgeführt. Die errechneten Typenfolgen liessen sich nie mit einfachen mathematischen Formeln (z.B. arithmetische oder geometrische Reihe) ausdrücken, sondern es ergaben sich ganz spezielle Gesetzmässigkeiten. Sie waren meistens sehr verwickelt, und dies mit zunehmendem Masse, je komplizierter die Preis- und Verteilungsfunktionen waren. Zur Veranschaulichung der Rechenmethode soll im folgenden ein Zahlenbeispiel gegeben werden.

147

1. Zahlenbeispiel, Datenangaben

Um die Zusammenhänge klar ersehen zu können, ist ein sehr einfaches Beispiel gewählt worden. Wir beschränken uns auf die Formulierung der Aufgabe, führen die Resultate an und diskutieren sie anschliessend.

Das behandelte Problem betrifft die Wärmeisolation einer Fläche, die gegenüber der Umgebung eine erhöhte Temperatur hat und bei der die Wärmeverluste innerhalb wirtschaftlich sinnvoller Grenzen gehalten werden sollen. Praktisch geht es um die Wärmeisolation von Maschinenteilen, Apparaten, Behältern, Wohnräumen und noch vieles anderes. Zu typisieren sind die Wandstärken (Dicken) der Isolationselemente. Um die Berechnungen zu vereinfachen, ist als Modell eine ebene Fläche von 1 m^2 gewählt; in der Praxis geht es natürlich eher um Formstücke, z.B. um Schalen bei der Isolation von Rohrleitungen.

Die Wandstärke (Dicke) der Isolationsschicht ist mit ϑ bezeichnet. Es wurden folgende Ansätze gemacht und Zahlenwerte angenommen:

$$k_1 = b_1\vartheta \qquad\qquad b_1 = 5'000 \ \text{Fr/m}^3$$
$$k_2 = \text{konst} = 3'000 \ \text{Fr/m}^2$$

Für den Wärmedurchgang gilt:

$$B = \frac{\lambda^* \Lambda t}{\vartheta} \quad \text{mit} \quad \lambda^* = 2\cdot 10^{-4} \ \text{kW/m} \ ^\circ\text{K}$$

Extremwerte der Temperaturdifferenz zwischen der zu isolierenden warmen Fläche und der Umgebung, Δt, werden angenommen mit:

$$\Delta t_{min} = 100 \ ^\circ\text{C}$$
$$\Delta t_{max} = 500 \ ^\circ\text{C}$$

Für den Paritätsfaktor ä werden zwei Werte angenommen, nämlich: ä = 500 bzw. 250 Fr/kW; dabei wurde die verlorene Wärme mit 1 bzw. 0,5 Rappen/kWh bewertet, bei einer Betriebsdauer von 5000 h/a und einem Tilgungsfaktor $\psi = 0,1 \ a^{-1}$.

Die Grenzen ϑa und ϑb berechnen sich mit der Optimierungsformel:

$$\vartheta = \sqrt{\frac{\ddot{a} \lambda^* \Delta t}{k_1}}$$

Bei ã = 500 Fr/kW ist ϑ_a = 0,0447 m ϑ_b = 0,1000 m

ã = 250 Fr/kW ist ϑ_a = 0,0316 m ϑ_b = 0,0707 m

Die Anzahl der Platten sei N = 10^5; sie sind gleichmässig verteilt, somit ist der Zahlenwert der Häufigkeitsfunktion:

$$\Phi = \frac{N}{\vartheta_b - \vartheta_a} = \begin{cases} 1.80 \cdot 10^6 \ /m & \text{für} \quad ã = 500 \ Fr/kW \\ 2.56 \cdot 10^6 \ /m & \text{für} \quad ã = 250 \ Fr/kW \end{cases}$$

2. Rechenresultate

Mit einem erstellten Computerprogramm wurden die Typenreihen für alle n Zahlenwerte von 3 bis 20 berechnet. Im Ausdruck sind für jeden n-Wert die Wandstärken aller Typen angegeben sowie auch der F-Wert der Typenreihe, entsprechend der in der Gl. (12) gegebenen Definition. Diese Werte sind in Bild 4.9.5 dargestellt für zwei ã-Werte.

Man kann ein deutliches Minimum feststellen. Man stellt auch fest, dass die Wahl des Paritätsfaktors keinen grossen Einfluss hat. Charakteristisch ist der steile Abfall bei den kleinen n-Werten. In der Praxis wird man sich wohl in dem Falle mit etwa 7 oder 8 Typen begnügen.

Bild 4.9.5 Darstellung der Rechenergebnisse des Zahlenbeispiels F = F(n,a)

Die Kurven geben den Barwert der zusätzlichen Kosten und Verluste F gegenüber optimierten Ausführungen an. Nicht enthalten sind in den Werten die Vorarbeitskosten der optimierten Ausführungen.

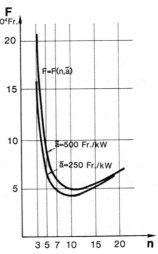

4.10 Zuckerindustrie. Die wirtschaftlich optimal ausgeführte Saftgewinnung

In den Zuckerfabriken wird der in der Zuckerrübe aufgebaute Zucker isoliert und in kritallisierter Form als Endprodukt hergestellt. (In den Tropen heisst die chemisch gleiche Substanz: Rohrzucker.) Eine wichtige Phase der Zuckertechnologie ist die Saftgewinnung: die Ueberführung des Zuckers aus den Zellen des Rübenkörpers in eine Lösung, den Rohsaft, wie es in der Fachsprache heisst. Wir wollen den Vorgang der Saftgewinnung optimieren.

4.10.1 Einleitung, Problemstellung

Obwohl die Literatur über die Saftgewinnung, die sogenannte "Diffusionsarbeit", äusserst umfangreich ist, scheint die Frage nach den Bedingungen für eine wirtschaftliche Arbeitsweise wenig Beachtung gefunden zu haben. Insbesondere fehlen auf theoretischen Erwägungen fussende quantitative Aussagen, die dem Betriebsfachmann die nötigen Hinweise über die Dimensionierung der Apparate und die Betriebsführung geben könnten.

In der Praxis hält man heute allgemein einen Zuckerverlust von etwa 0,25 % auf Rübe als angemessen, strebt einen Saftabzug von etwa 110 bis 120 % a.R. an, ist mit einer Auslaugezeit von 70 bis 80 Minuten zufrieden und überlässt die Dimensionierung der Einrichtungen der Lieferfirma (a.R. bedeutet: auf verarbeitete Rübe).

Nun lässt sich die Frage nicht von der Hand weisen: Führen diese Werte tatsächlich zum besten wirtschaftlichen Ergebnis? Und wenn sie für eine Fabrik zutreffen, warum sollten sie für einen anderen Betrieb auch gelten, bei dem die Bedingungen und wirtschaftlichen Voraussetzungen ganz andere sein können? Es ist leicht einzusehen, dass man diese Fragen nicht a priori beantworten kann, dass vielmehr eingehende Untersuchungen darüber notwendig sind.

Das Ziel dieser Abhandlung ist daher, diesen Fragenkomplex zu behandeln und insbesondere aufzuklären: Wie sollen die Abmessungen der Einrichtungen und die Betriebskennzahlen bei der Saftgewinnung an die Gegebenheiten angepasst werden, damit der wirtschaftliche Erfolg, als Ganzes, betrachtet am grössten wird? In konkreterer Form: Wenn Zuckerpreis, Brennstoffpreis, Zuckergehalt der Rübe, Dauer der Kampagne und andere Wirtschaftsdaten gegeben sind, wie gross soll die Diffusionsanlage sein, mit welchem Saftabzug soll man arbeiten, wie hoch sind die zulässigen Zuckerverluste usw., damit die Summe des Investitions- und Betriebsaufwandes, zuzüglich des Gegenwertes des verlorenen Zuckers, am geringsten sei.

Die Abhandlung ist in mehrere Abschnitte unterteilt. Nach einleitenden Definitionen und Vereinbarungen werden die bei der Saftgewinnung entstehenden Aufwendungen und Verluste einzeln besprochen. Aus denen wird eine Funktion mit zwei unabhängigen Variablen: dem Saftabzug und der Diffusionsdauer, gebildet; anschliessend werden die Bedingungen für das Minimum dieser Funktion berechnet. Anhand dieser Resultate werden verschiedene Diffusionssysteme verglichen.

4.10.2 Definitionen und Abgrenzung des Problems

Die Frage nach der wirtschaftlich optimalen Saftgewinnung erscheint in der Praxis in zwei grundsätzlich verschiedenen Formen:

- Bei einer festgelegten täglichen Rübenverarbeitung für eine neu zu bauende oder eine bestehende Fabrik ist eine Saftgewinnungsanlage anzuschaffen - man fragt nach deren optimaler Grösse und den Betriebskennwerten, oder:

- Die Saftgewinnungsanlage ist vorhanden, und man sucht die optimalen Betriebskennwerte. Dabei kann - im Prinzip zumindest - auch die tägliche Rübenverarbeitung eine zu bestimmende Grösse sein. Praktisch wird man sie in engen Grenzen variieren können.

Es ist weiter vorwegzunehmen, dass die Ergebnisse einer Berechnung je nach System verschieden sein können. Jedes der bekannten Systeme hat ein Optimum, das einzeln berechnet werden muss. Durch Vergleich der relativen Optima können das wirtschaftlichste System und dessen Abmessungen für die gegebenen Verhältnisse bestimmt werden.

Das wirtschaftliche Optimum der Saftgewinnungsarbeit sei durch das Minimum der Aufwendungen definiert; diese ist die Summe sämtlicher Verluste und Kosten für eine bestimmte verarbeitete Rübenmenge. Die unabhängigen Variablen der Verlustfunktion seien:

- Der Saftabzug P, Gewicht des abgezogenen Rohsaftes, bezogen auf das Gewicht der verarbeiteten Rüben, und:

- Das Auslaugevolumen V, das Volumen des Auslaugeapparates, in dem der effektive Diffusionsprozess vor sich geht.

Statt des Auslaugevolumens könnte man auch die Auslaugezeit T einführen. Das ist jene Zeitspanne, während welcher die Schnitzel, nach Denaturierung durch Wärmebehandlung, mit der Auslaugeflüssigkeit in Berührung sind.
Auslaugevolumen und Auslaugezeit sind durch die Gleichung:

$$V = \frac{R}{\Phi} T \qquad (1)$$

miteinander verknüpft. Es bedeuten R das Gewicht der in der Zeiteinheit verarbeiteten Rüben und Φ die Füllung, d.h. das Schnitzelgewicht, bezogen auf die Einheit des Auslaugevolumens.

4.10.3 Verluste und Kosten bei der Saftgewinnung

Die Verluste und Kosten bei der Saftgewinnung werden einzeln behandelt. Als Zeiteinheit ist die Stunde gewählt.

Die bestimmbaren Zuckerverluste, auf Rüben bezogen, seien mit C_1, der Wert je Gewichtseinheit des bei der Diffusion gewonnenen Zuckers aus der Rübe mit y_2, das Gewicht der stündlich verarbeiteten Rüben mit R bezeichnet. In einer Stunde beträgt der Wert der bestimmbaren Zuckerverluste:

$$C_1 y_2 R = A_1$$

Den Wert y_2 schätzt man etwas höher als den Wert des Zuckers in den angelieferten Rüben.

Die unbestimmbaren Zuckerverluste C_2 sind in modernen Anlagen meist sehr klein und können vernachlässigt werden. Indessen ist es bekannt, dass lange Auslaugezeiten nicht erwünscht sind; denn die unbestimmbaren Verluste können zunehmen und die Qualität des Rohsaftes wird schlechter. Diese beiden Effekte sollen gemeinsam mit dem Ausdruck:

$$C_2 = \alpha (T - T_0) \qquad (2)$$

erfasst werden. α ist ein Proportionalitätsfaktor und T_0 eine kurze Auslaugezeit (z.B. 40 Minuten), bei der die unbestimmbaren Verluste gleich Null angenommen werden. Der Wert der unbestimmbaren Zuckerverluste je Stunde beträgt:

$$C_2 \, y_2 \, R \; = \; A_2$$

Der Wärmeverbrauch für Verdampfen und Anwärmen des Saftes hängt vom Saftabzug ab. Es soll nur der Mehraufwand an Brennstoff für einen über den Standardwert (z.B. 100 %) erhöhten Saftabzug erfasst werden. Die Kosten für die Mehrverdampfung betragen bei einem Frischdampfpreis von y_d und einer n-stufigen Verdampfungsanlage stündlich:

$$\frac{1}{n} \; (P\text{-}P_o) \; R \; y_d$$

Der stündliche Mehraufwand für die Anwärmung ist gleich:

$$g \; (P\text{-}P_o) \; R \; y_d$$

wobei g die für die Erwärmung je Rohsaft-Masseneinheit benötigte Frischdampfmasse ist. Diese berechnet man nach der Gleichung:

$$g \; = \; \sum_{i=1}^{n} g_i \tag{3}$$

Dabei bedeutet:

$$g_i \; = \; \frac{c_r}{r} \, \Delta t_i \, \frac{n-1}{n} \tag{4}$$

In Worten: Wird die Masseneinheit des Saftes mit der spez. Wärme c_r, durch Brüdendampf der i-ten Stufe mit der Verdampfungswärme r um die Temperaturdifferenz Δt_i erwärmt, so wird die Frischdampfmasse g_i vom Kessel benötigt.

Die beiden Ausdrücke: Mehrkosten für die Verdampfung und die für die Anwärmung addiert, ergeben:

$$\left(\frac{1}{n} \; + \; g\right)\left(P\text{-}P_d\right) R \, y_d \; = \; A_3 \tag{5}$$

Für die Kosten der Einrichtungen und Apparate wird ein linearer Ansatz gemacht, eine annehmbare Näherung innerhalb bescheidener Grenzen:

$$Y \; = \; Y_o + y_v \, V \tag{6}$$

Die Grösse des Apparates ist durch das Auslaugevolumen V erfasst, dessen Einheitspreis mit y_v gegeben ist. Y_o bedeutet einen von der Apparategrösse unabhängigen Grundpreis.

Mit dem Tilgungsfaktor ψ erhält man den auf ein Jahr anfallenden Anteil der Investitionen. Bezeichnet weiter h die Anzahl der Kampagnestunden im Jahr, so entfällt auf 1 Stunde die Kapitalbelastung:

$$\left(Y_o + y_v V\right) \frac{\psi}{h} = A_4 \qquad (7)$$

Neben diesen vier angeführten Posten gibt es weitere Aufwendungen, die indessen praktisch weder vom Saftabzug noch vom Volumen abhängen. Diese sind: Wärmebedarf für die Heizung des Saftgewinnungsapparates, mechanische Energie für dessen Antrieb, Instandhaltungskosten, Löhne. Diese beeinflussen kaum die Optimierung, weil sie im Vergleich zu den andern klein sind, müssen aber beachtet werden, wenn man Vergleiche zwischen verschiedenen Systemen macht.

4.10.4 Die Berechnung des wirtschaftlichen Optimums

Um das wirtschaftliche Optimum berechnen zu können, müssen die vier Posten des vorigen Abschnittes zusammengefasst und durch die Variablen V und P ausgedrückt werden. Die zwei letzteren bedürfen keiner Umformung. Der Posten 2 ist leicht umzurechnen, indem man T über die Gl.(1) ausdrückt. Schliesslich werden die Zuckerverluste C_1 durch die Gleichung:

$$C_1 = C_o \rho_o \frac{P-\varepsilon}{Pe^{\varphi}-\varepsilon} \qquad (8)^*$$

berechnet; dabei ist:

$$\varphi = \lambda \, Ti \, \frac{P-\varepsilon}{P} \qquad (9)^*$$

In diesen Gleichungen sind folgende Konstanten der Rübe enthalten: C_o Zuckergehalt, ρ_o die auf Wasser bezogene Dichte des Rohsaftes (durchschnittlich 1,06), ε die Verhältniszahl des

---

* Zur Herleitung der Gleichungen (8) und (9) wird auf eine frühere Publikation verwiesen. G. Oplatka und M. Tegeze, Hungarica Chemica Acta 1952

Saftvolumens auf Rübe (durchschnittlich 0,94) und λ der Diffusionsfaktor des gelösten Zuckers durch die abgelöste Zellwand der Rübe, der praktisch durch die Feinheit der Schnitzel gegeben ist.

Mit einer idealen Diffusionsapparatur würde sich bei gegebener Rübenqualität und gegebenem Saftabzug sowie der idealen Auslaugezeit T_i ein Verlust von C_1 ergeben. Bei technischen Apparaten braucht man für denselben Prozess eine längere Zeit T, und zwar aus mannigfaltigen Gründen. Die Schnitzelfüllung ist nicht gleichmässig im Apparat verteilt, es bilden sich Kanäle, durch die der Saft ohne Konzentrationsänderung durchströmen kann. Es gibt Rückmischungen sowohl im Saft als auch in den Schnitzeln usw.; die Ursachen sind grösstenteils systembedingt. Es scheint also zweckmässig, für das System einen "Gütegrad" zu definieren:

$$\eta = \frac{T_i}{T} \qquad (10)$$

Die modifizierte Gleichung von (9) wird dann:

$$\varphi = \lambda \eta T \frac{P-\varepsilon}{P} \qquad (11)$$

Der schlechtere Gütegrad eines Systems muss - um bei gleichem Saftabzug den Zuckerverlust nicht ansteigen zu lassen - durch eine längere Auslaugezeit kompensiert werden. Dazu benötigt man aber gemäss Gl.(1) ein grösseres Volumen, also einen grösseren Apparat. Ein besserer Gütegrad ist also in doppeltem Sinne vorteilhaft. Jedoch ist der Gütegrad allein für die Beurteilung eines Diffusionssystems nicht ausreichend.

Nach diesen Betrachtungen kann man die Summe der Kosten und Verluste für die Zeiteinheit bilden:

$$\sum A = A_1 + A_2 + A_3 + A_4 \qquad (12)$$

Die Optimalbedingungen erhält man durch die Gleichung:

$$\frac{\partial \sum A}{\partial P} = 0 \qquad (13)$$

$$\frac{\partial \sum A}{\partial V} = 0 \qquad (14)$$

Die Berechnungen werden hier abgebrochen; es würden nur wohlbekannte mathematische Operationen folgen. In diesem Zusammenhang ging es ja nur darum, den Weg zu zeigen, wie ein relativ verwickeltes Problem der Verfahrenstechnik sinnvoll formuliert und behandelt werden kann.

4.10.5. Vergleich verschiedener Systeme

Die verschiedenen Systeme lassen sich in sinnvoller Weise vergleichen, indem man für jedes die Kosten bestimmt, die aufzubringen sind, um die Masseneinheit des Zuckers aus der Rübe zu gewinnen. Da $\sum A$ die Verluste und Kosten für die Zeiteinheit darstellt, während welcher die Rübenmenge R verarbeitet und die Zuckermenge R ($C_0 - C_1$) mit dem Rohsaft in den Betrieb gefördert wird, errechnen sich die spezifischen Diffusionskosten (z.B. Fr/kg Zucker) mit der Formel:

$$S = \frac{\sum A}{R(C_0 - C_1)} \qquad (15)$$

Diese Grösse ist ein Mass für die wirtschaftliche Bewertung eines Auslaugesystems für gegebene Verhältnisse.

Der Vergleich der S-Werte ermöglicht die Auswahl des wirtschaftlichen Systems. Es soll aber mit Nachdruck hervorgehoben werden, dass die Bewertung eines Systems - entgegen der oft vertretenen Auffassung - nicht absolut ist. Vielmehr spielen die technischen und wirtschaftlichen Gegebenheiten mit.

Fertigungsinseln

Strukturierung der Produktion in dezentrale Verantwortungs-
bereiche

Dipl.-Inform. Robert Müller (federführend)
Dipl.-Ing. Ulrich Hallwachs, Dipl.-Ing. Helmut Schaal,
Dipl.-Psych. Manfred Schlund

1991, 180 Seiten, DM 59,--
Kontakt & Studium, Band 355
ISBN 3-8169-0731-8

Das Buch gibt einen Überblick über den Stand von Wissenschaft und Technik bei der
Planung, der Realisierung und beim Betrieb von Fertigungsinseln. Es informiert
praxisbezogen über
- das Fertigungsinsel-Konzept und andere integrierte Organisationsstrukturen,
- die Vorgehensweise bei der Planung und Einführung von Fertigungsinseln,
- den Nachweis der Wirtschaftlichkeit
- die auftretenden personalwirtschaftlichen Fragestellungen.

Anhand von realisierten Fallbeispielen kann der Leser Strukturierungsmöglichkeiten im
eigenen Unternehmen erkennen. Mit der beschriebenen Planungssystematik ist es ihm
möglich, erfolgreich Organisationsveränderungen in seinem Unternehmen durchzuführen.

Das Buch wendet sich an
- Führungs- und Fachkräfte aus den Bereichen Produktionsplanung, Arbeitsvorbereitung,
  Betriebsorganisation und Personal,
- Betriebs-, Produktions- und Fertigungsleiter,
- Leiter von Planungs- und Unternehmensbereichen,
- Geschäftsführer, technische Vorstandsmitglieder und Inhaber von Produktionsunter-
  nehmen sowie Inhaber von Planungsbüros, die sich über Fertigungsinseln informieren
  möchten.

Inhalt: Anforderungen an das Unternehmen - Schwachstellen im Unternehmen - Integrierte Organisationskonzepte - Planung von Fertigungsinseln - Wirtschaftlichkeit von
Fertigungsinseln - Personalwirtschaftliche Aspekte bei der Einführung und dem Betrieb
von Fertigungsinseln - Fallbeispiele

Fordern Sie unsere Fachverzeichnisse an.
Tel. 0 70 34/ 40 35-36, FAX 7618

expert verlag GmbH, Goethestraße 5, 7044 Ehningen bei Böblingen